日本軍服圖典

1930-1945
二戰期間陸海軍服演變考證集

中西立太 著

楓書坊

前言

為《日本軍裝》的出版獻上祝福

此次中西立太先生出版了關於明治以降的日本軍裝圖鑑，實在令人感到欣喜。

中西先生以歷史復原畫的插畫家身分活躍於各大出版社，還是專精於日本風俗考證的畫家，開創了獨具一格的領域，如今幾乎無人不知。在繁忙的畫業之餘，仍對近代軍裝進行了精密的研究，且研究成果已持續發表多年。

過去，許多人對明治以前的歷史懷有濃厚的興趣，熱衷於相關領域的探索。然而，關於近代的風俗文化，雖然留有豐富的資料，卻因未受重視而逐漸被人遺忘。尤其關於舊日帝國軍隊的資料，更因與軍國主義相關，而被人們刻意忽視。

約三十年前，我曾將古代到二戰為止的軍裝歷史行概略的整理，分上下兩冊發表。但由於研究的不夠深入，其中不乏錯誤，但卻引起了極大的迴響，隨即出現了許多相關的研究團體，特別是明治後的軍裝研究。自此，迅速進展並誕生了許多具有價值的著作。

然而，這些研究者多半並非畫家，主要依靠照片資料，導致許多細節難以掌握。而中西先生身為畫家，具備了精細描繪的獨特技藝，能夠將細節纖毫畢現地呈現出來。不僅如此，他筆下的人物，更被賦予了鮮明的個性和身份，讓讀者彷彿親自見證了歷史，產生深刻的共鳴。

本書可說是中西先生多年來對明治維新後軍裝精心研究後的心血結晶。如此詳盡的圖鑑，今後恐再難有可與之匹敵的作品。作為日本風俗史中關於近代軍裝的研究書籍，本書以圖像方式再現軍裝歷史，不僅具有學術價值，更將作為第一手的研究資料，為後世所珍視。

笹間良彥
日本甲冑武具歷史研究會會長

編輯的話：

以上是笹間良彥先生為《日本軍裝》初版(1991)撰寫的前言。笹間先生是日本著名的歷史學家，也是甲冑研究的權威。自二戰前後，致力於武具、風俗史和民俗學的研究，為此足跡遍及全日本，在各地收集資料，進行研究時間長達半個多世紀。對甲冑尤為精通，長期擔任日本甲冑武具歷史研究會會長。

此外，笹間先生本人也擅長繪畫，經常可以在他的著作中看到他親筆繪製的插圖，以直觀的方式傳達研究成果。這位研究大家於2005年11月5日以89歲高齡辭世。

此次《新版 日本軍裝 1930～1945》(本書)的出版，更印證了笹間先生當年所言：「如此詳盡的圖鑑，今後恐再難有可與之匹敵的作品。作為日本風俗史中關於近代軍裝的研究書籍，本書以圖像方式再現軍裝歷史，不僅具有學術價值，更將作為第一手的研究資料，為後世所珍視。」這不僅道出了本書的價值，也彰顯了其作為學術與歷史遺產的獨特地位。

執著的結晶

「照片被視為是捕捉真實的工具」,但有時,一張畫反而更接近真實。

照片往往難以準確呈現色彩的微妙層次與細節。以軍裝為例,當涉及描繪側面、背面、局部細節、內部構造或穿著方式時,照片的表現力遠不及經過深入研究並以卓越筆觸所繪製的圖畫那樣精確且具說服力。

早在攝影技術誕生之前,日本宮廷內的「有職故實」團體便已透過圖錄來記錄建築、儀式、服裝與風俗等細節。這些資料被保留下來,並以繪卷和合戰繪卷的形式流傳下來,成為精確且珍貴的視覺史料。

即使在攝影技術普及的現代,動植物、貝類、蝴蝶等圖鑑許多仍以手繪的插圖為主,達文西無疑是此領域的先驅,為後世奠定了基礎。

在軍裝研究興盛的歐洲,許多中世紀的彩色軍裝圖鑑被珍藏於博物館中,成為研究者與愛好者的重要參考資料。在那裡,能以畫作來表達研究成果是一種不可或缺的技能。甚至有夫妻搭檔合作,由丈夫撰文、妻子繪畫,聯手完成出版。然而,在日本,文字與繪畫常被嚴格分工,且插圖的地位普遍低於文字。這種陳舊觀念導致能以優秀畫技來表達知識的大學教授幾乎寥寥無幾。

作者中西立太先生便是從畫家跨足軍裝研究並成就一番事業的少數人物之一。他與笹間良彥先生並列,成為日本此領域中屈指可數的奇才。

我曾經受託審閱一幅軍裝畫作,當時我輕率地提了一些意見。沒想到中西先生聽完後,只淡淡說了一句「我知道了」,便將那幅估計花了一週時間才完成的畫作捨棄,從頭開始重新繪製。這種「畫師良心」讓我敬佩不已。

正是憑藉著對真實的不懈追求、一絲不苟的探究精神,以及精湛的繪畫技巧,中西先生才得以創作出這本在日本堪稱首部的彩色軍裝圖鑑。我衷心地祝賀本書的問世!

寺田近雄

編輯的話:

以上出自寺田近雄先生為《日本軍裝》初版撰寫的前言。寺田先生以撰寫軍事研究書籍聞名,他於1930年9月出生,比中西先生年長四歲。寺田先生畢業於早稻田大學,曾在RKB每日放送與日本電視台擔任播音員、記者以及電視節目製作人,直至1981年退休。退休後,他創立寺田事務所,專注於近代日本軍事史的研究,並留下了多部重要著作。2014年6月,寺田先生辭世,享年83歲。

「有時,一張畫反而更接近真實」照片往往難以準確呈現色彩的微妙層次與細節。以軍裝為例,當涉及描繪側面、背面、局部細節、內部構造或穿著方式時,照片的表現力遠不及經過深入研究並以卓越筆觸所繪製的圖鑑那樣精確且具有說服力。」

這段話正是本書的核心理念,充分體現其存在的價值與意義。

關於日本陸海軍的階級稱呼

書中所出現的日本陸海軍階級稱呼，正如標題所示，採用了昭和初期(1930)至昭和20年(1945)8月太平洋戰爭結束期間的用語。陸海軍的階級對應關係可參考下表。

人們常說：「日本陸海軍關係不睦，所以階級稱呼也有所不同。」實際上，准尉以下的階級稱呼的確差異較大，但士官的階級名稱則完全一致(海軍的預備役士官和特務士官，在部分情況下無法完全對應陸軍)。

事實上，陸、海、空軍的階級稱呼在日本的差異，與歐美國家相比並不算顯著。例如，在英語系國家中，陸軍上尉的英文是Captain，但海軍的Captain 指的是上校(在民間，Captain通常是指船長)，而海軍上尉則稱為Lieutenant。

本書特別注重標註英文，並根據陸軍與海軍的英語稱呼進行區分，希望讀者能從中體會到這些有趣的差異。

陸軍			海軍	昭和17年11月～
大將	士官	將官	大將	
中將			中將	
少將			少將	
大佐		佐官	大佐	
中佐			中佐	
少佐			少佐	
大尉		尉官	大尉	
中尉			中尉	
少尉			少尉	
准尉	准士官		兵曹長	
曹長	下士官		一等兵曹	上等兵曹
軍曹			二等兵曹	一等兵曹
伍長			三等兵曹	二等兵曹
兵長	兵		一等水兵	水兵長
上等兵			二等水兵	上等水兵
一等兵			三等水兵	一等水兵
二等兵			四等水兵	二等水兵

・陸軍准尉在昭和7年(1932)以前，稱為「特務曹長」。陸軍兵長由於中日戰爭(當時稱日華事變)的長期化，服役期間延長，導致上等兵人數大增，於昭和15年(1940)新設此階級。
・**兵科稱呼**　昭和15年以前，陸軍會在階級前加上兵科名稱，例如：步兵大佐、騎兵中佐、砲兵少佐、工兵大尉、輜重兵中尉等(准尉以下及下士官兵亦同)。然而，憲兵(大佐以下)、技術、主計、建技、軍醫、藥劑、牙醫(少將以下)、衛生(少佐以下)、獸醫、軍樂、法務等專科，仍在階級前冠以專科名稱，並保留此制度直至戰爭結束。
・**海軍階級改革**　昭和17年11月，日本海軍進行大幅制度變更，將機關大尉、特務大尉、預備大尉等階級簡化為大尉、中尉、少尉。
・**下士官改革**　昭和17年11月，海軍修改了下士官以下的階級稱呼，並參照陸軍的稱呼方式進行調整。此外，階級章的設計也從圓形改為五角形。

目次 CONTENTS

前言 ………………………………………………………… 2

◆陸軍1　將校――正裝・禮裝 ……………………… 6
ARMY1　OFFICER　Full dress, Service dress

◆陸軍2　將校――軍裝・便裝 ……………………… 10
ARMY2　OFFICER　Service dress, Undress uniform

◆陸軍3　下士官・士兵――軍裝 …………………… 14
ARMY3　NCO PRIVATE　Service dress

◆陸軍4　特殊勤務服裝・作業衣・運動衣 ………… 18
ARMY4　Special clothing for extreme climates, Working dress

◆陸軍5　近衛兵 ……………………………………… 22
ARMY5　The Imperial Guards

◆陸軍6　憲兵・法務兵・軍樂兵 …………………… 26
ARMY6　Military Police, Judge advocate, Military Band

◆陸軍7　戰車兵・騎兵 ……………………………… 30
ARMY7　Tank trooper, Cavalry

◆陸軍8　飛行兵・挺進兵・船舶兵 ………………… 34
ARMY8　Air man, Paratrooper, Shipping trooper

◆海軍1　將校――正裝・禮裝・通常禮裝 ………… 38
NAVY1　OFFICER　Full dress, Service dress

◆海軍2　將校――軍服・外套・雨衣 ……………… 42
NAVY2　OFFICER　Dress, great coat, rain coat.

◆海軍3　下士官・士兵 ……………………………… 46
NAVY3　PETTY OFFICER, SEAMAN

◆海軍4　特殊勤務服裝 ……………………………… 50
NAVY4　Special duty uniform

◆海軍5　特殊勤務服裝 ……………………………… 54
NAVY5　Special duty uniform

◆海軍6　軍樂兵・法務兵・學生 …………………… 58
NAVY6　Military Band, Judge advocate, Student

正裝（袖）
Full dressed (cuff)

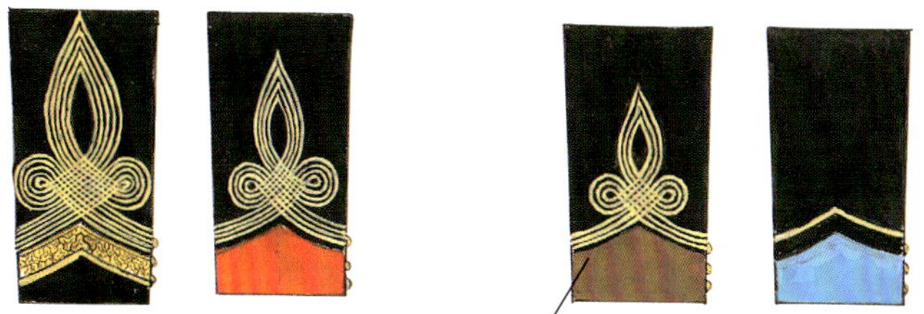

將官
General

佐官
Field officer

尉官
Company officer

兵科色
Arm of the service color

准尉官
Warrant officer

袖章的標記
Full dress cuff chevron
Indicates the rank

大將：7線 General 7 strips
中將：6線 Lieutenant general 6 strips
少將：5線 Major general 5 strips
大佐：6線 Colonel 6 strips
中佐：5線 Lieutenant Colonel 5 strips
少佐：4線 Major 4 strips
大尉：3線 Captain 3 strips
中尉：2線 Lieutenant 2 strips
少尉：1線 2nd Lieutenant 1 strips

元帥 Marshal

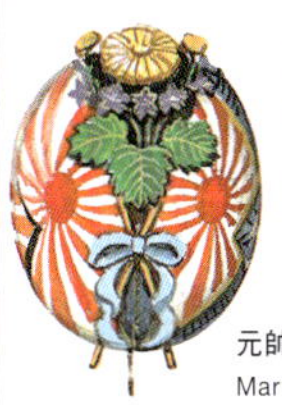

武官的最高位階是元帥，但元帥並不是一個階級，而是隸屬於元帥府的職位；也沒有專屬於元帥的制服，而是在大將的正裝右胸佩戴元帥徽章，和手持元帥刀。

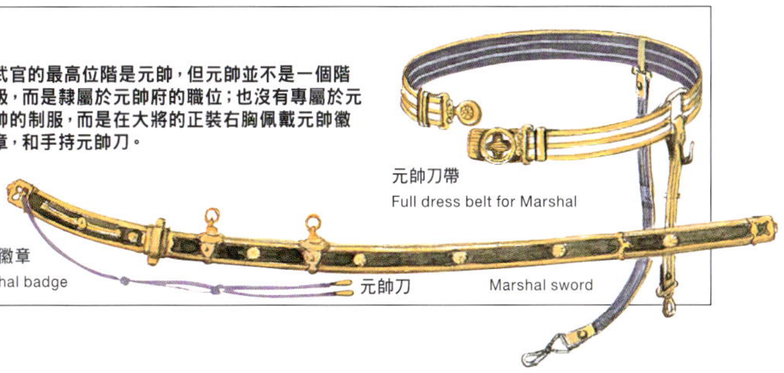

元帥徽章 Marshal badge
元帥刀帶 Full dress belt for Marshal
元帥刀 Marshal sword

正褲
Full dress trousers

兵科色在昭和15年（1940）9月3日廢止

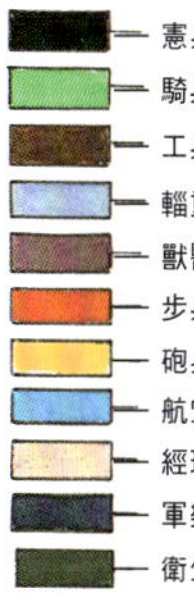

- 憲兵科 Military police
- 騎兵科 Cavarly
- 工兵科 Engineers
- 輜重兵科 Transport Supply
- 獸醫科 Veterinary
- 步兵科 Infantry
- 砲兵科 Artillery
- 航空兵科 Airman
- 經理科 Accountant's
- 軍樂科 Military Band
- 衛生科 Medical

兵科色 Arm of the service color

將官 General officer　　佐官 Field officer

將官的服裝僅使用紅色，沒有兵科色的區分。
General's always with red stripes

正肩章
Full dress shoulder strap

將官（大將）
General officer (General)

尉官（少尉）
Company officer (2nd Lieutenant)

通常禮裝肩章
Service dress shoulder strap

（少將）(Major General)

（中尉）(Lieutenant)

佐官（中佐）
Field officer (Lieutenant Colonel)

准尉
Warrant officer

（大佐）(Colonel)

（准尉）(Warrant officer)

昭和13年（1938）制定了一種通用肩章，可用於普通軍裝的配戴。

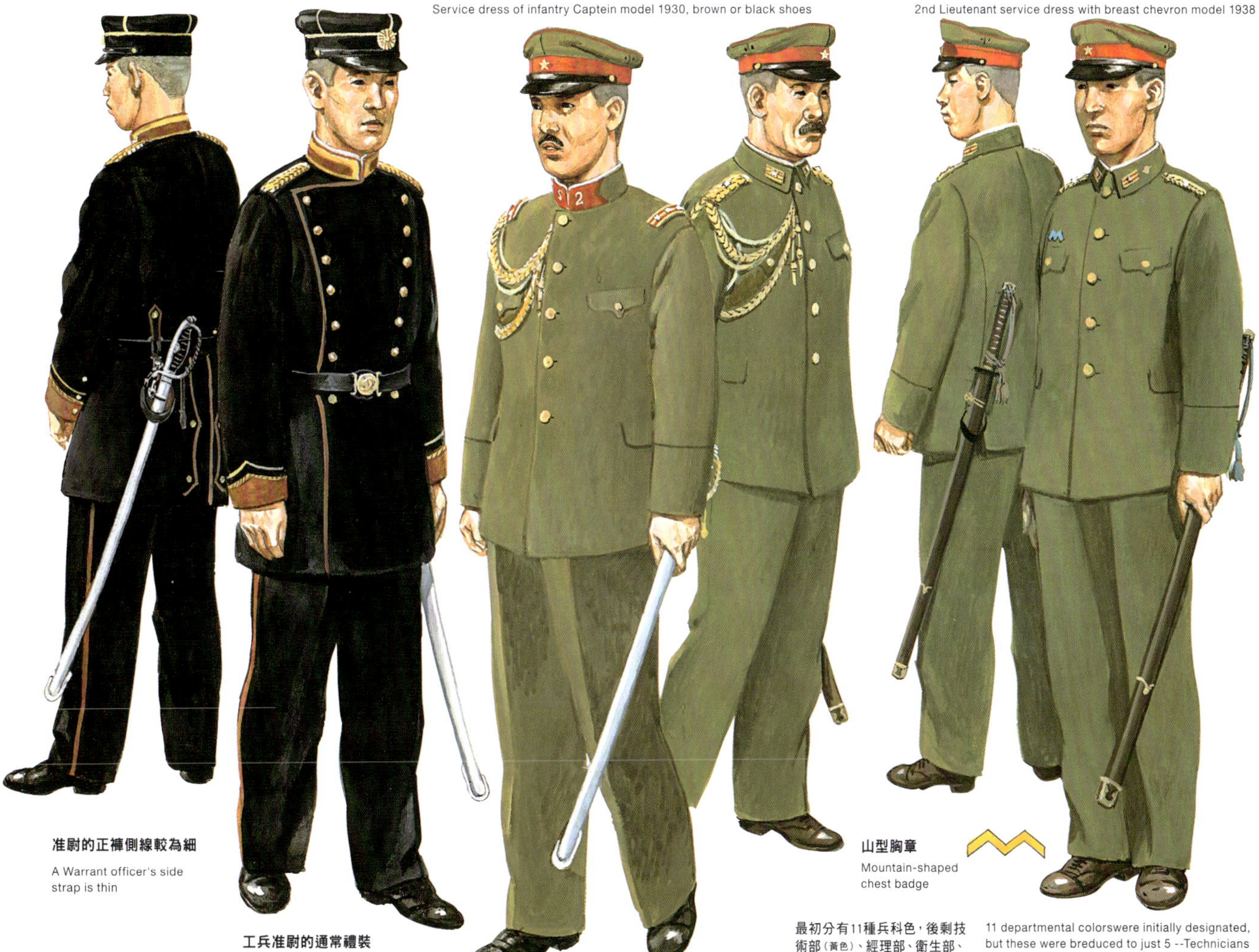

▼昭五式軍服的步兵大尉通用禮裝
搭配長褲，並穿著棕色或黑色的皮鞋。
Service dress of infantry Captein model 1930, brown or black shoes

穿著九八式軍服的少尉
通常佩戴昭和13年制定的山形胸章。
2nd Lieutenant service dress with breast chevron model 1938

准尉的正褲側線較為細
A Warrant officer's side strap is thin

工兵准尉的通常禮裝
Service dress of Engineer Warrant officer

少佐的禮裝──九八式軍服
Major service dress model 1938

山型胸章
Mountain-shaped chest badge

最初分有11種兵科色，後剩技術部（黃色）、經理部、衛生部、獸醫部與軍學部5種兵科色，於昭和17年（1942）初全部廢止。

11 departmental colorswere initially designated, but these were breduced to just 5 --Technicians (yellow), accounting, sanitation, vaterinary and military schooling, and then eliminated completely in early 1942.

7

ARMY1

將校—正裝・禮裝
OFFICER Full dress, Service dress

陸軍的服裝制度始於明治3年。後經多次改制，但在昭和時期太平洋戰爭期間，主要使用昭和13年改制的制服（即九八式軍服）。

當時，日本軍的正式名稱為「大日本帝國陸（海）軍」，其使用日本獨有的 神武曆（以神道為基礎的曆法）作為官方年號。例如，昭和15年（1940）為神武曆2600年。自昭和4年起，服裝與兵器的制式名稱皆以年號的末尾兩數來標示，例如：九七式中戰車即為2597式（昭和12年，1937）。

陸軍制服分為正裝、禮裝、通常禮裝、軍裝與便裝，並依場合來穿著：
正裝（大禮服）用於隆重場合，例如：宮中參賀、紀元節、天長節、明台節、軍旗授與、勳章授與、閱兵式、靖國神社參拜，以及家庭的婚喪喜慶等。**禮裝**用於正式晚宴或家庭場合，例如：宮中晚宴、親任式，或親族的婚喪喜慶。**通常禮裝**為簡化版禮裝，用於較輕鬆的正式場合，例如：宮中午宴、觀櫻、觀菊、任官、敘任敘勳、天皇巡幸、離任式、勳章授與式，以及一般婚喪喜慶。**軍裝**用於軍事場合，例如：閱兵式、靖國神社參拜、勳章授與、命令布達式、離任式、衛戍勤務、動員部隊、演習及軍法會議。**便裝**適用於上述場合以外的日常活動。

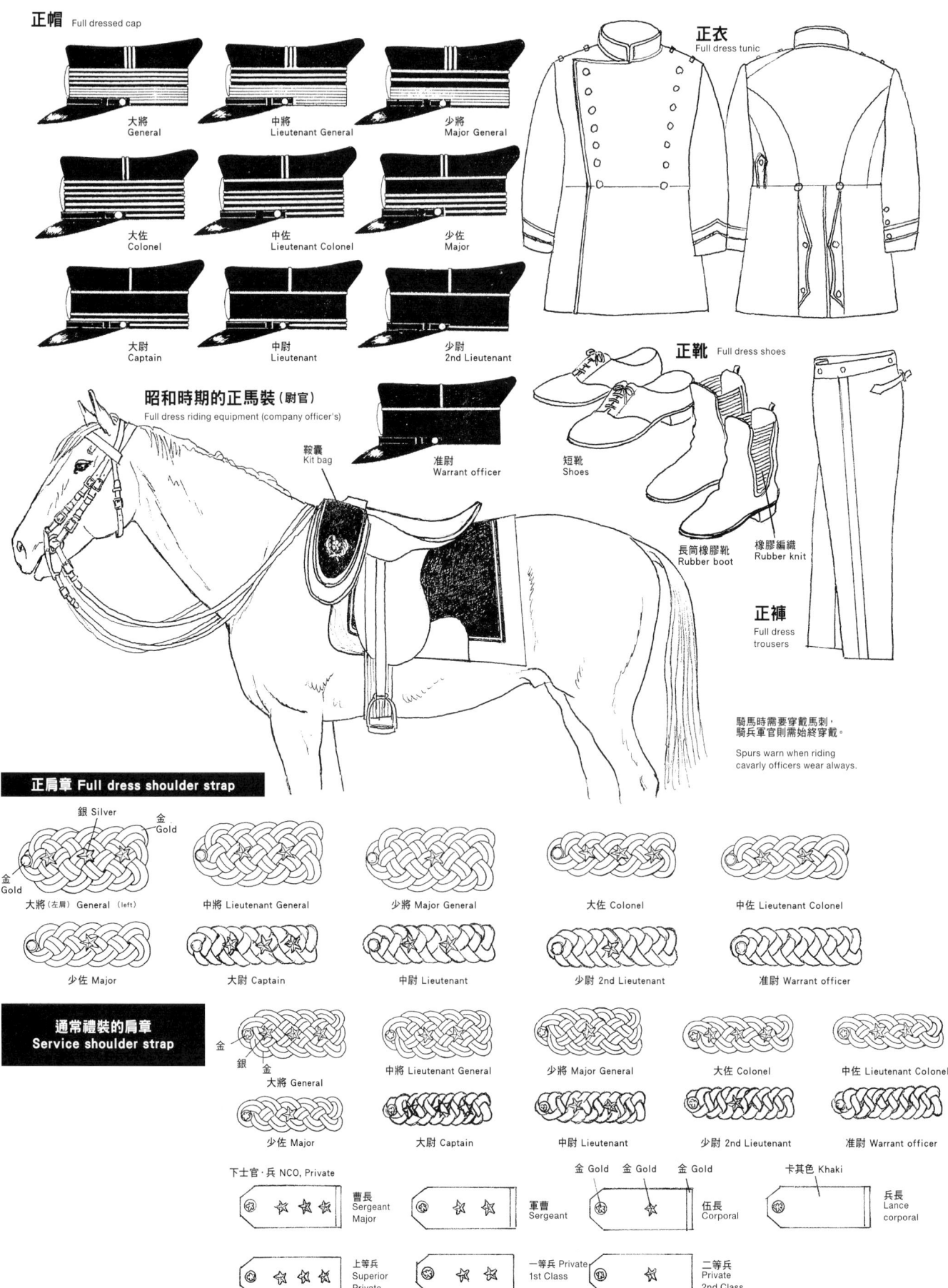

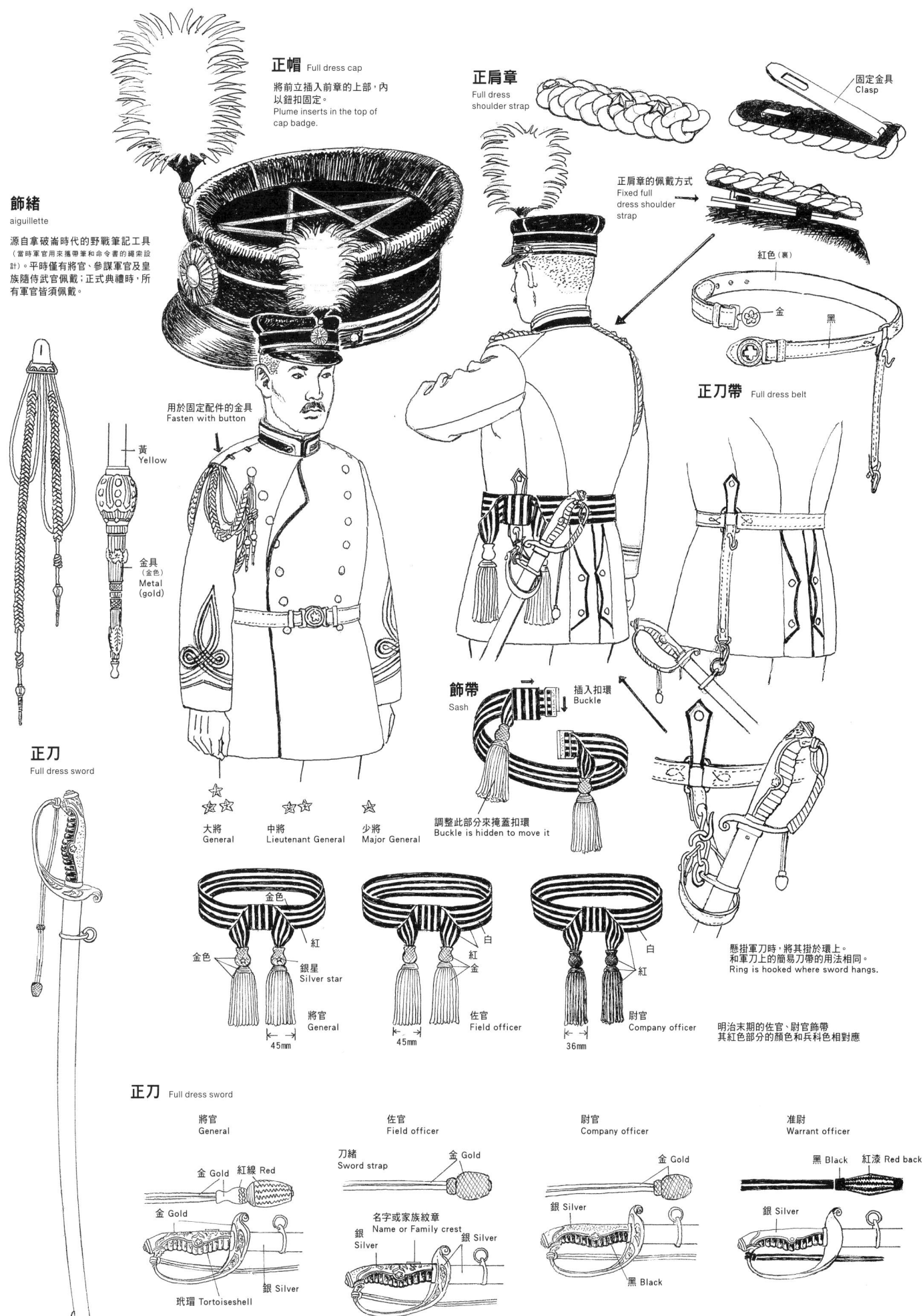

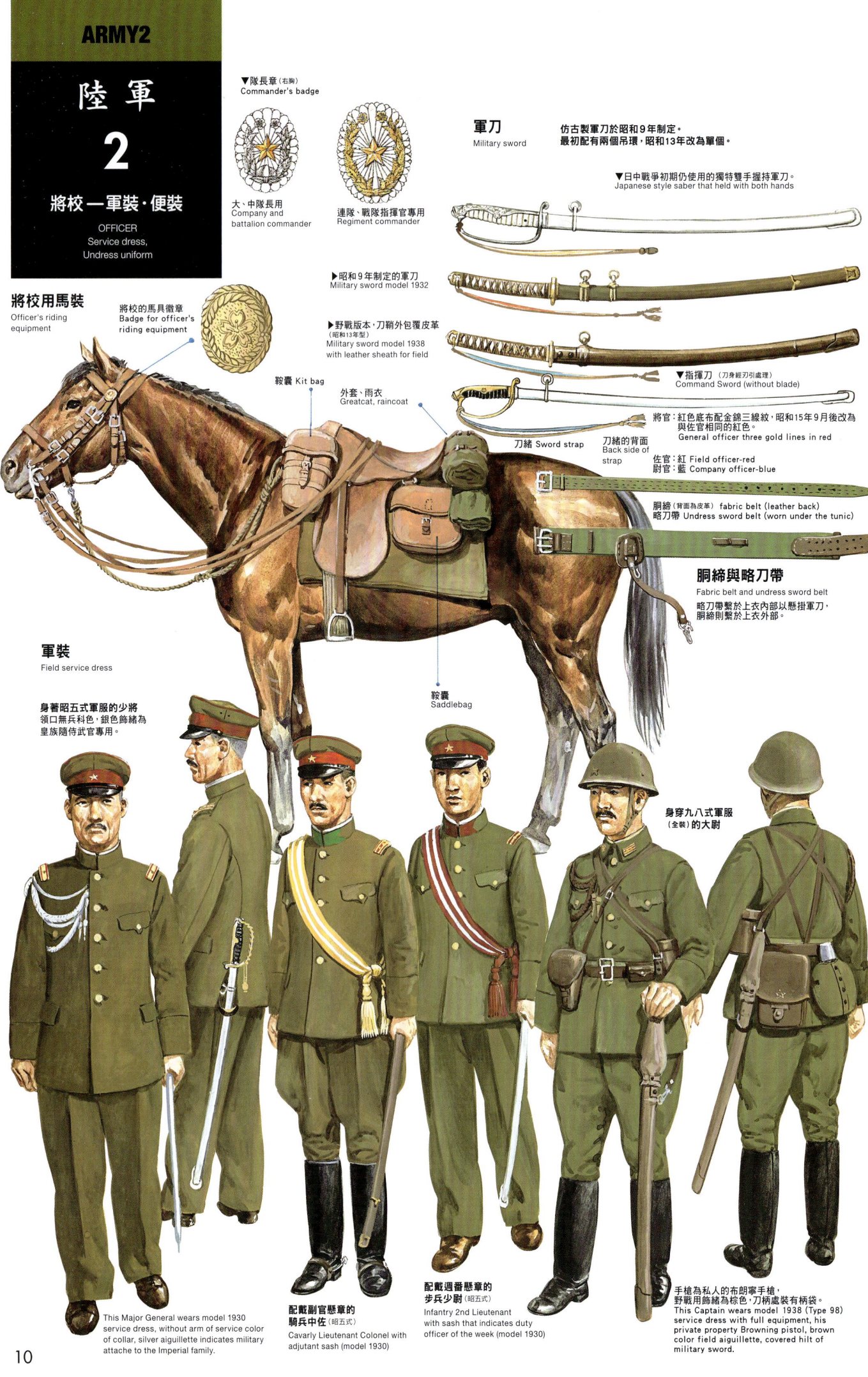

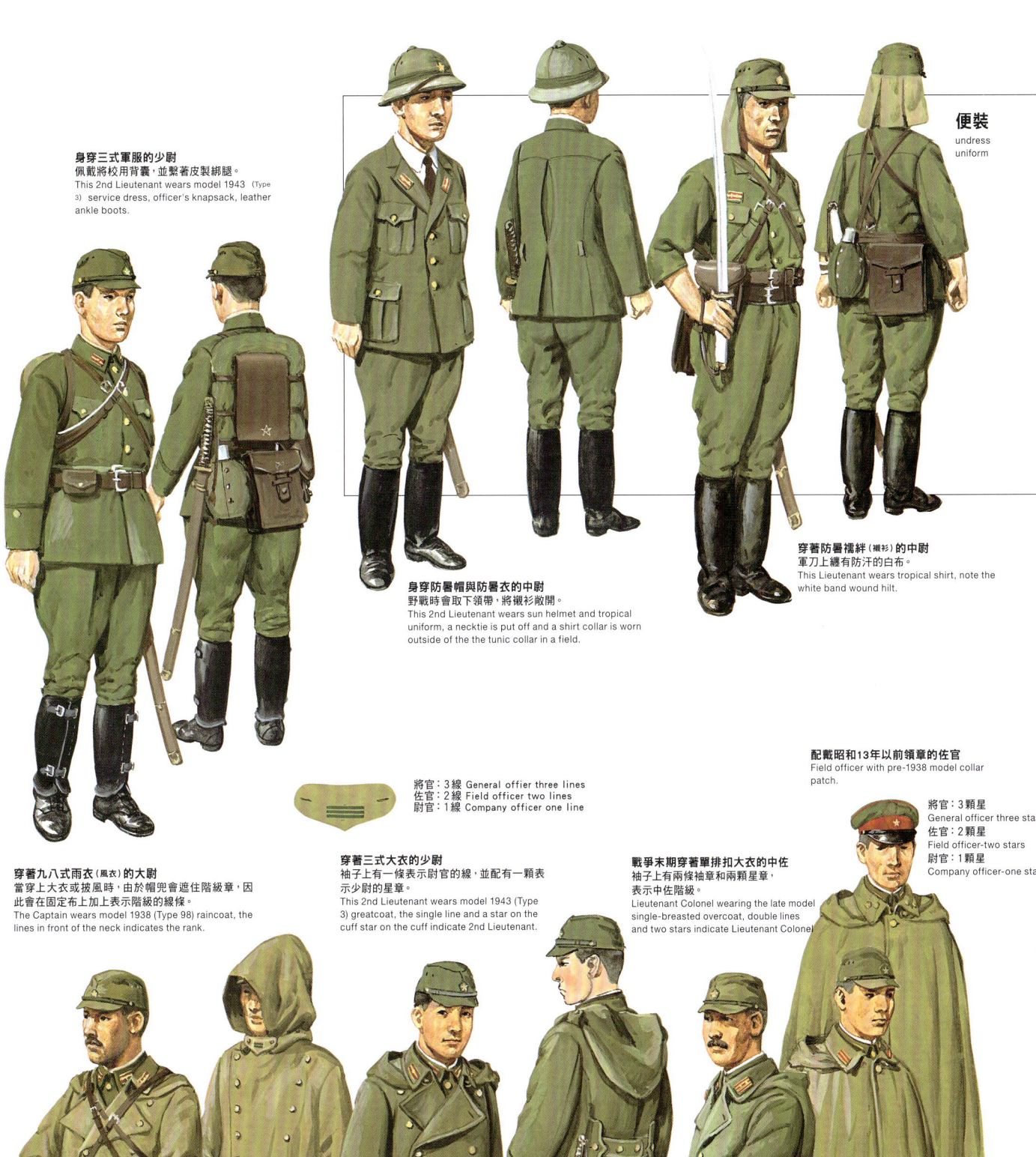

便裝
undress uniform

身穿三式軍服的少尉
佩戴將校用背囊，並繫著皮製綁腿。
This 2nd Lieutenant wears model 1943 (Type 3) service dress, officer's knapsack, leather ankle boots.

身穿防暑帽與防暑衣的中尉
野戰時會取下領帶，將襯衫敞開。
This 2nd Lieutenant wears sun helmet and tropical uniform, a necktie is put off and a shirt collar is worn outside of the the tunic collar in a field.

穿著防暑襦絆（襯衫）的中尉
軍刀上纏有防汗的白布。
This Lieutenant wears tropical shirt, note the white band wound hilt.

將官：3線 General offier three lines
佐官：2線 Field officer two lines
尉官：1線 Company officer one line

配戴昭和13年以前領章的佐官
Field officer with pre-1938 model collar patch.

將官：3顆星 General officer three stars
佐官：2顆星 Field officer-two stars
尉官：1顆星 Company officer-one star

穿著九八式雨衣（風衣）的大尉
當穿上大衣或披風時，由於帽兜會遮住階級章，因此會在固定布上加上表示階級的線條。
The Captain wears model 1938 (Type 98) raincoat, the lines in front of the neck indicates the rank.

穿著三式大衣的少尉
袖子上有一條表示尉官的線，並配有一顆表示少尉的星章。
This 2nd Lieutenant wears model 1943 (Type 3) greatcoat, the single line and a star on the cuff star on the cuff indicate 2nd Lieutenant.

戰爭末期穿著單排扣大衣的中佐
袖子上有兩條袖章和兩顆星章，表示中佐階級。
Lieutenant Colonel wearing the late model single-breasted overcoat, double lines and two stars indicate Lieutenant Colonel.

穿著後期軍官斗篷的准尉
Warrant officer wearing late officer's mantle.

ARMY2

將校-軍裝・便裝
OFFICER
Service dress,
Undress uniform

軍衣褲 field service dress

胸章 (1938-1943)
Breast badge

技術・衛生・軍樂
經理・獸醫

昭和5年(1930)制定的軍服為立領設計,配有肩章,袖口有折返,凸顯將校軍服的特徵。由於是私人購置,因此可依個人體型做調整,亦可加高領口。
九八式(1938)軍服改為折領設計,階級章佩戴於領口。右胸佩戴的兵科色山型章昭和15年(1940)廢止,胸章則於昭和18年廢止。
三式(1943)軍服將階級章放大,袖上附有象徵將校身份的深綠色圓形星章。袖章上的線條數量:將官三條、佐官兩條、尉官一條。星章數量:大將、大佐、大尉三顆;中將、中佐、少尉兩顆;少將、少佐、少尉一顆。

昭5式軍衣
Model 1931 service tunic

98式軍衣
Model 1938 (Type 98) service tunic

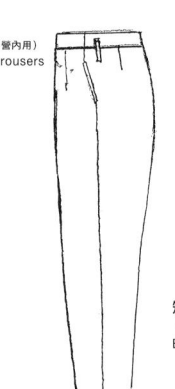
長褲 (外出・營內用)
Long trousers

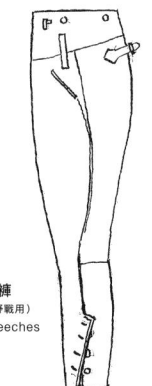
短褲 (野戰用)
Breeches

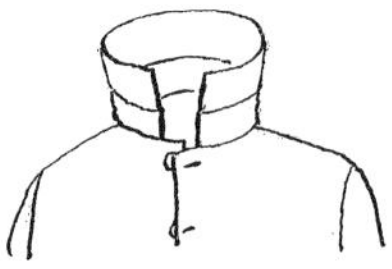

將校用領
Stand collar of officer

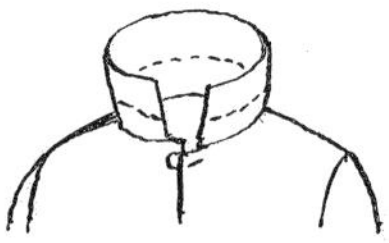

士兵用領
Stand collar of privata

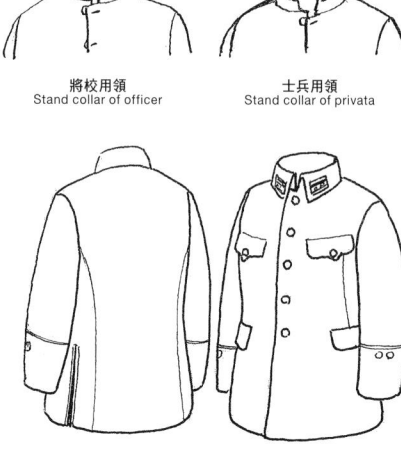
三式軍衣
Model 1943 (Type 3) service tunic

軍帽 Peaked cap
明治38年(1905)制定,之後的變化不大。 

便帽 field cap
野戰用軍帽,稱為戰鬥帽。可直接戴於鋼盔下方,分為夏用與冬用二種。

金線 Gold thread
卡其布 Khaki cloth
將校用前章與扣帶
Officer's cap badge and chinstrap button

防暑帽 Cork sun helmet
壓制毛氈款式,共有兩至三種。三顆星為將官用,兩顆為佐官用,一顆為尉官。 

著裝

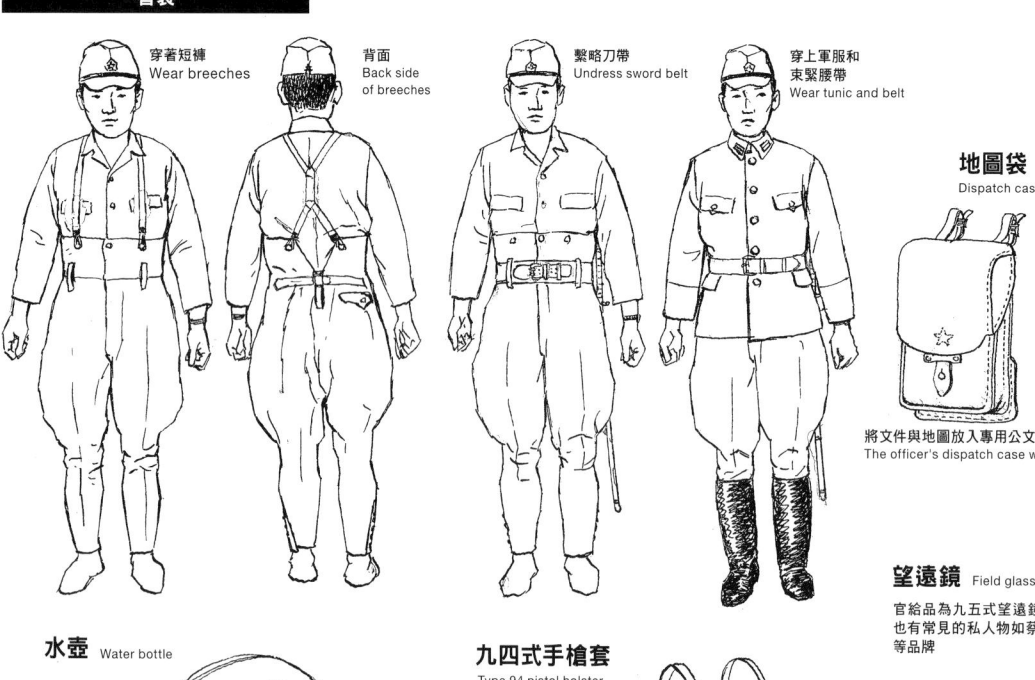

穿著短褲 Wear breeches
背面 Back side of breeches
繫略刀帶 Undress sword belt
穿上軍服和束緊腰帶 Wear tunic and belt

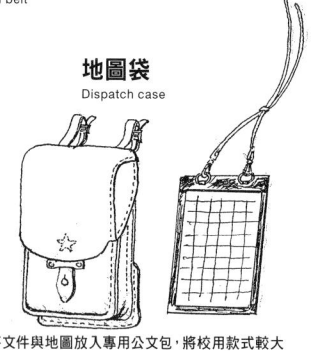
地圖袋 Dispatch case
將文件與地圖放入專用公文包,將校用款式較大
The officer's dispatch case was bigger than other's

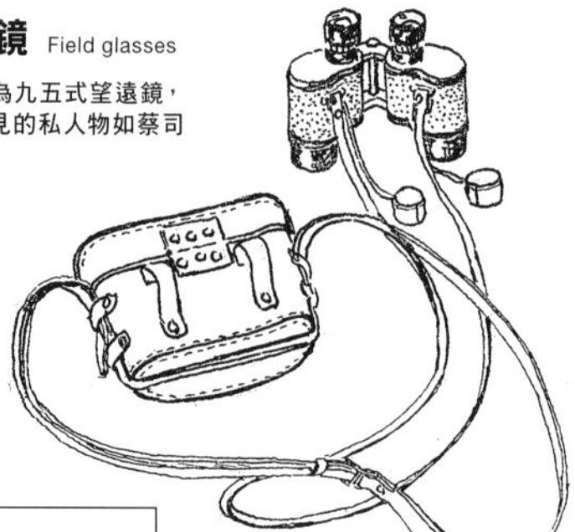

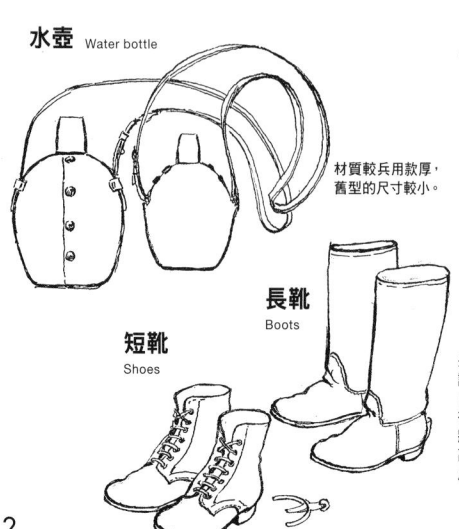
水壺 Water bottle
材質較兵用款厚,舊型的尺寸較小。

九四式手槍套
Type 94 pistol holster
官給品為九四式手槍,但亦常見私人手槍如布朗寧、毛瑟等。 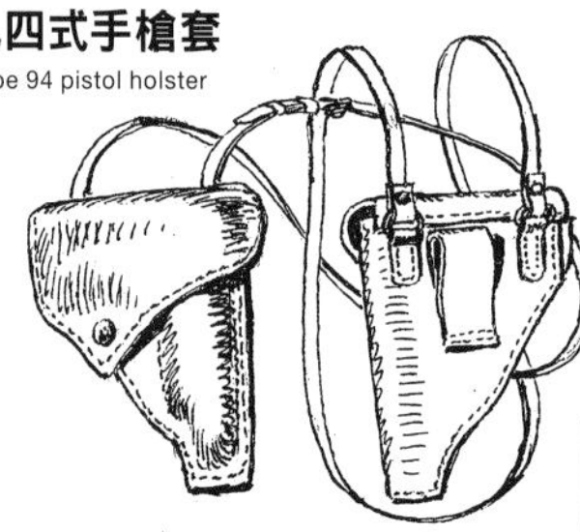

望遠鏡 Field glasses
官給品為九五式望遠鏡,也有常見的私人物如蔡司等品牌

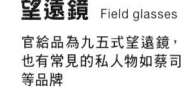
短靴 Shoes
長靴 Boots

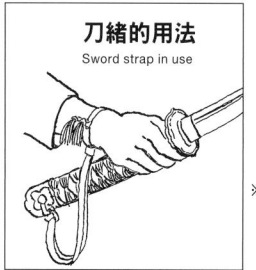

長靴為黑色或棕色,鞋跟設有馬刺固定扣。上部切口呈水平狀為將校用,帶有弧度的為騎兵用。將校用的綁帶靴靴筒較高,穿著時需於外部纏繞皮製綁腿或綁腿布。

刀緒的用法
Sword strap in use

※刀緒是綁在軍刀柄上的裝飾性或功能性繩帶,用於固定軍刀、防止掉落,也有識別階級的作用。

肩章 Shoulder strap

日本帝國陸軍的階級分為將校、准士官、下士官，及士兵四個等級。下士官以上稱為陸軍武官，將校為勒任官、奏任官，准士官則為判任官，皆屬為官職武官。

正規的將校養為：陸軍幼年學校（招收13至15歲志願者，修業3年）、陸軍預科士官學校（2年）、陸軍士官學校（1年8個月）。畢業後任少尉，若想晉升則須進陸軍大學深造。昭五式軍服的階級章設於肩章上。

將官因肩章上的金色裝飾較多，通稱為「ベタ金」。最低階的二等兵其肩章為紅色，因此稱為「赤タン」。

領口繡有鎩形呢絨布裝飾，標示著兵科色、兵科章、連隊編號等標誌。

 金色 　　紅色

 大將 General　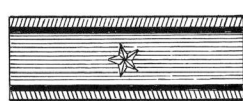 中將 Lieutenant General　少將 Major General

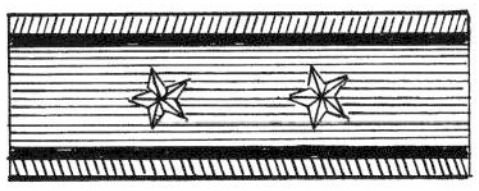

 大佐 Colonel　 大尉 Captain　准尉／特務曹長 Warrant officer

中佐：二顆星、少佐：一顆星
Lieutenant Colonel (two stars), Major (one star)

中尉：二顆星、少尉：一顆星
Lieutenuant (two stars), 2nd Lieutenant (one star)

肩章大小 size of shoulder strap　9cm × 3cm

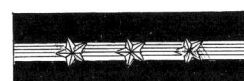 曹長 Sergeant Major　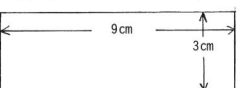 上等兵 Superior Private

軍曹：二顆星、伍長：一顆星
Sergeant (two stars), Corporal (one star)

一等兵：二顆星、二等兵：一顆星
Private 1st Class (two stars), Private 2nd Class (one star)

大將以下至伍長：金色星章
兵（士兵階級）：黃色呢絨星章
General ～Corporal: gold star, private: yellow star

徽章 Badge

步兵第34連隊 所屬將校以下至士兵
34th Infantry regiment

34連隊的所屬見習士官
34th Infantry regiment's probationary officer

後備第70連隊 所屬將校以下至士兵
70th second reserve regiment

山砲第5連隊所屬將校以下至士兵
5th mountain gun regiment

山砲第5連隊所屬見習士官
5th mountain gun regiment's probationary officer

後備第9山砲隊所屬將校以下至士兵
9th second reserve mountain gun troopv

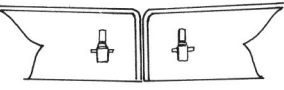
無連隊編號的重砲兵隊所屬將校以下至士兵
Heavy artillery

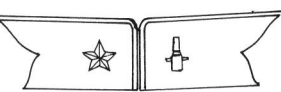
無連隊編號的重砲兵隊所屬見習士官
Heavy artillery probationary officer

依師團編號的後備隊所屬將校以下至士兵
Second reserve troop with divisional number

將校的領章高於士兵
The officer's stand collar is higher than private's

未佩戴領章的部隊所屬見習士官
Probationary officer without collar badge

僅標示師團稱號所屬將校以下至士兵
Second reserve with only divisional insignia

預備役、後備見習士官
Second reserve probationary officer

標示師團稱號的後備山砲隊所屬將校以下至士兵
Second reserve mountain gun troop with only divisional insignia

教導隊所屬各兵科下士官
NCO of military school

國民軍隊（台灣、朝鮮）所屬將校以下至士兵
National army (Taiwan, Korea)

領章 Collar Badge

①台灣步兵連隊 Taiwanese infantry regiment
②通信隊 Signal troop
③機動車隊 Motorcar troop
④軍樂隊 Military band
⑤重砲兵連隊 Heavy artillery regiment
⑥戰車隊 Tank troop
⑦氣球隊 Balloon troop
⑧士官候補生 Cadet Probationary officer
　見習士官 Probationary officer
⑨獨立守備大隊 Indepedent guard battalion
⑩鐵道連隊 Railway regiment
⑪飛行隊 Air man
⑫軍事學校教導大隊 Military school
⑬山砲兵隊 Mountain artillery
⑭台灣山砲兵連隊 Taiwanese mountain artillery
⑮高射砲隊 Anti-aircraft artillery
⑯後備役見習士官 Second reserve
　各兵科幹部候補生 Probationary officer
⑰精勤章 Diligence badge
⑱鞍工長 Saddler
⑲靴工長 Shoemaker
⑳號手長（號手）Bugle major, bugler
㉑上等看護兵 Senior nurse
㉒火工掛下士 NCO of smith
㉓蹄鐵工長 Farrier major
㉔槍械工長 Gun smith major
　黃色 Yellow
　伍長勤務上等兵 Lance Corporal
㉖木工長 Master carpenter
㉗砲台監守下士 NCO of gun battery
㉘鍛工長（鐵匠）Master smith
㉙縫工長 Master seamster
㉚藥劑官 Senior pharmacist
　藥劑生 Pharmacist
　磨工勤務 Medical grinder
　看護兵 Nurse
　看護長 Chief nurse
㉛陸軍監獄長 Governor of army prison
　陸軍監獄監守長 Chief prison guard
　陸軍監獄監守 Prison guard

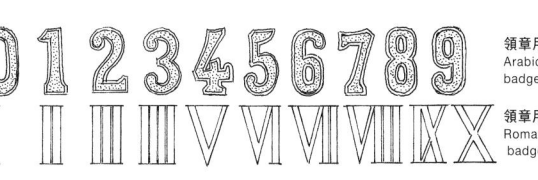

領章用阿拉伯數字
Arabic figures of collar badge

領章用羅馬數字
Roman figures of collar badge

步兵第2連隊號手 右臂佩戴精勤章
This bugler of 2nd infantry regiment wears a diligence badge on the right arm.

臂章 arm patch

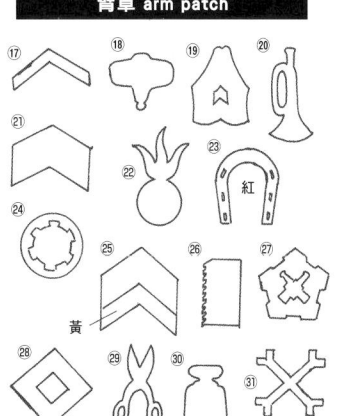

紅　黃

（飛用）袖章：全為紅色 (red color)

ARMY 3
陸軍 3
下士官・士兵―軍裝
NCO, PRIVATE Service dress

下士刀 NCO Sword

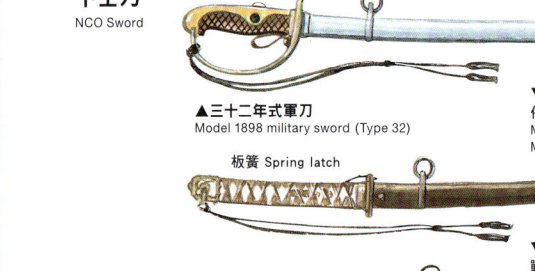

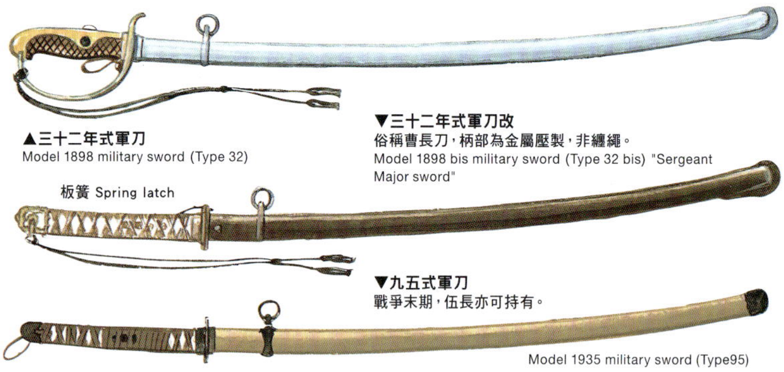

▲ 三十二年式軍刀
Model 1898 military sword (Type 32)

板簧 Spring latch

▼ 三十二年式軍刀改
俗稱曹長刀，柄部為金屬壓製，非纏繩。
Model 1898 bis military sword (Type 32 bis) "Sergeant Major sword"

▼ 九五式軍刀
戰爭末期，伍長亦可持有。
Model 1935 military sword (Type 95)

下士官 NCO.

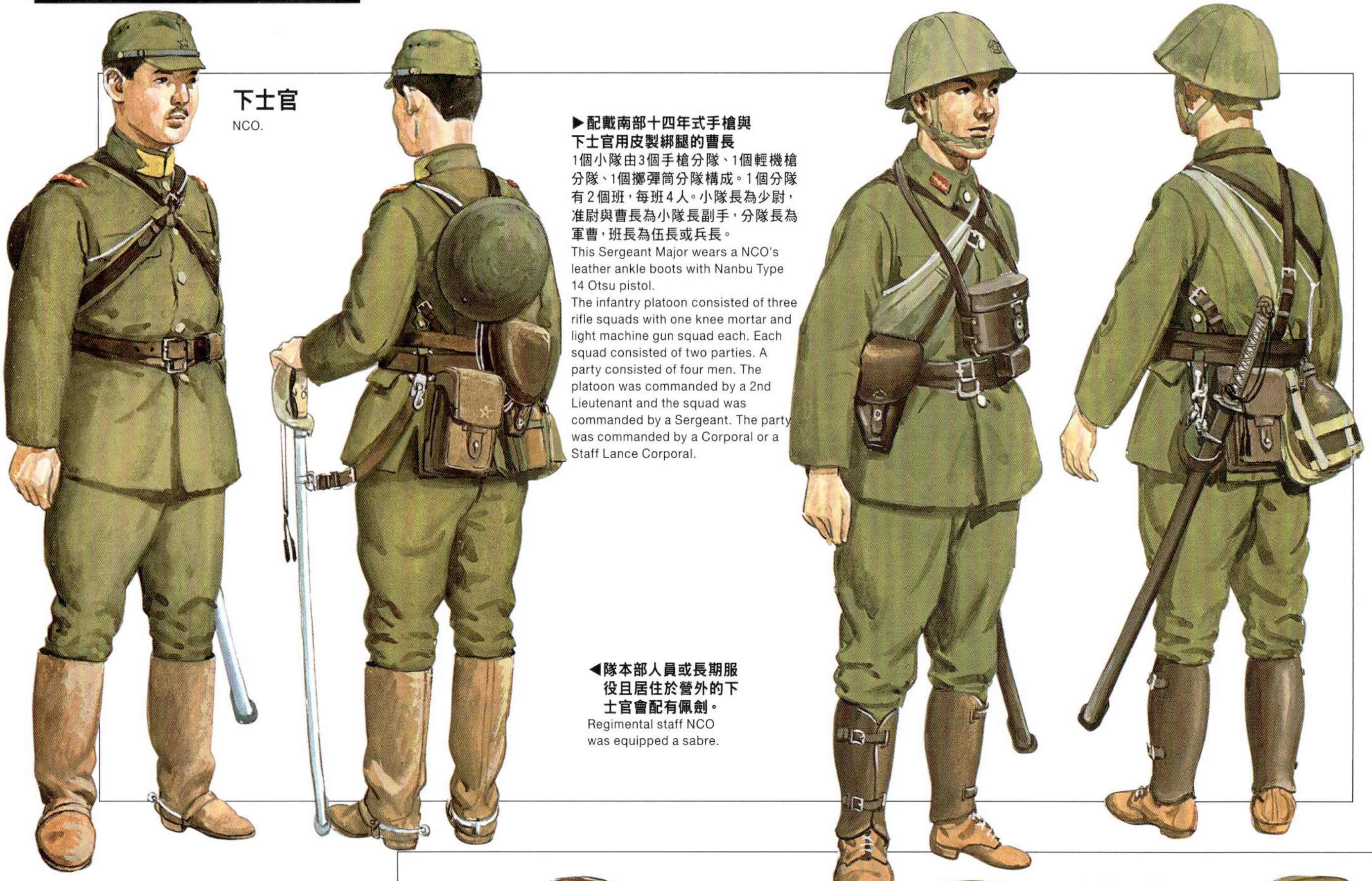

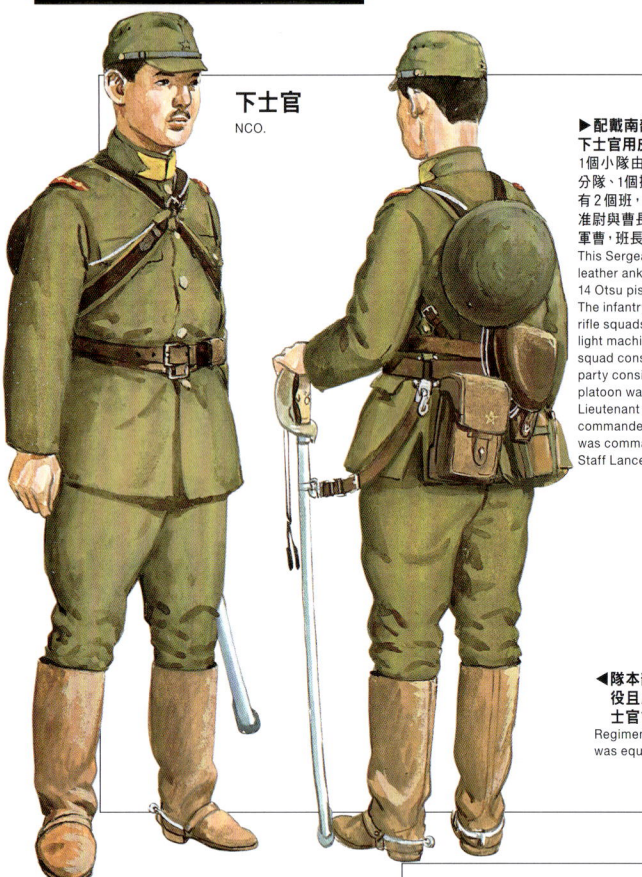

▲ 穿著昭五式軍服的曹長
下士官長靴較校款式厚，攜帶南部十四年式手槍與下士官用圖囊（高20cm × 寬14cm）。
This Sergeant Major wears model 1930 service dress with Nanbu type 14 pistol and dispatch case (20cm×14cm) for NCO.

▲ 長靴裝有馬刺者
僅限砲兵與輜重兵下士官。
Only artillery and transport Supply NCOS were wearing a spur.

▶ 配戴南部十四年式手槍與下士官用皮製綁腿的曹長
1個小隊由3個手槍分隊、1個輕機槍分隊、1個擲彈筒分隊構成。1個分隊有2個班，每班4人。小隊長為少尉，准尉與曹長為小隊長副手，分隊長為軍曹，班長為伍長或兵長。
This Sergeant Major wears a NCO's leather ankle boots with Nanbu Type 14 Otsu pistol.
The infantry platoon consisted of three rifle squads with one knee mortar and light machine gun squad each. Each squad consisted of two parties. A party consisted of four men. The platoon was commanded by a 2nd Lieutenant and the squad was commanded by a Sergeant. The party was commanded by a Corporal or a Staff Lance Corporal.

◀ 隊本部人員或長期服役且居住於營外的下士官會配有佩劍。
Regimental staff NCO was equipped a sabre.

士兵 Private

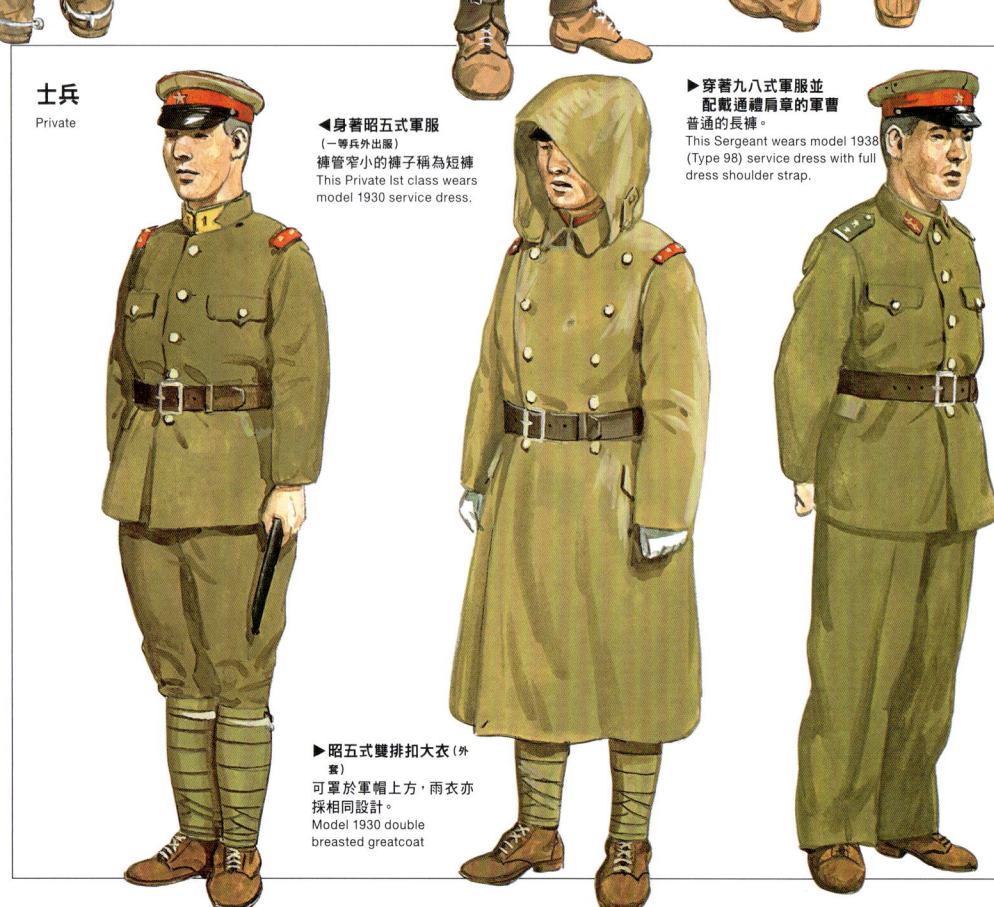

◀ 身著昭五式軍服
（一等兵外出服）
褲管窄小的褲子稱為短褲
This Private 1st class wears model 1930 service dress.

▶ 昭五式雙排扣大衣（外套）
可罩於軍帽上方，雨衣亦採相同設計。
Model 1930 double breasted greatcoat

▶ 穿著九八式軍服並配戴通禮肩章的軍曹
普通的長褲。
This Sergeant wears model 1938 (Type 98) service dress with full dress shoulder strap.

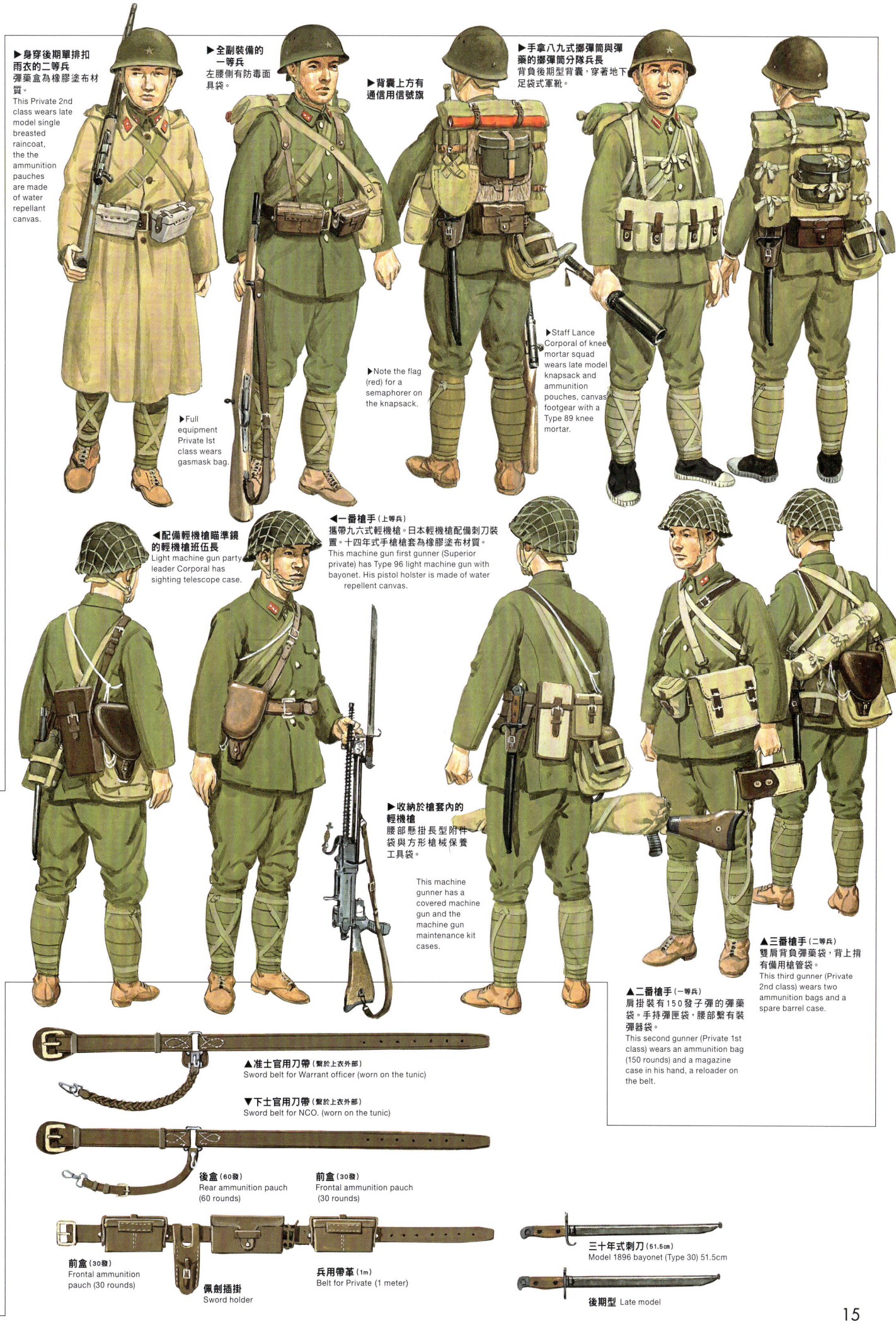

ARMY3

下士官・士兵 — 軍裝

NCO.PRIVATE Service dress

日本帝國陸軍的下士官包括曹長、軍曹、伍長，士兵則有：上等兵、一等兵、二等兵。昭和15年（1940）設立兵長階級後，兵長以下統稱為「兵」（在此之前，資深上等兵稱為伍長勤務上等兵，享有較高的待遇）。

下士官與士兵的軍裝相同，但曹長配有：軍刀、長靴、圖囊等裝備。

九八式軍衣褲
Model 1938 Service dress

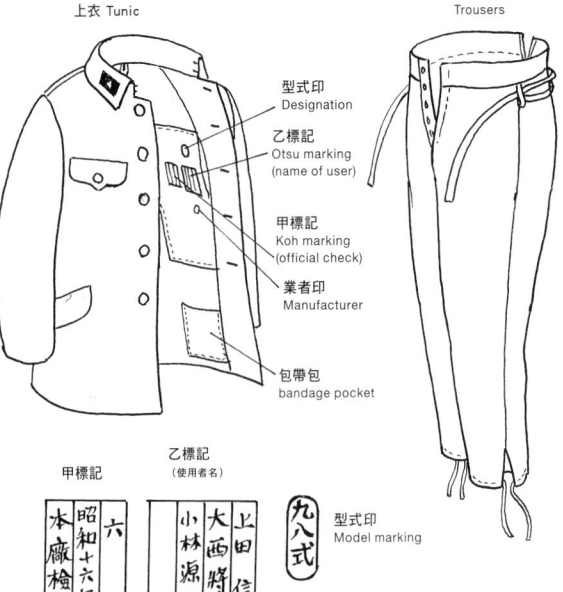

懸掛方式
Bayonet

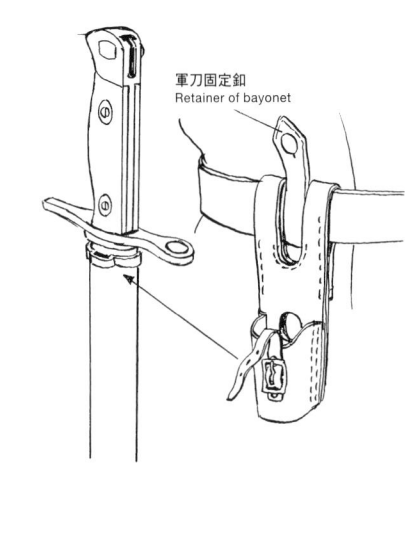

著裝順序 The manner of Dress

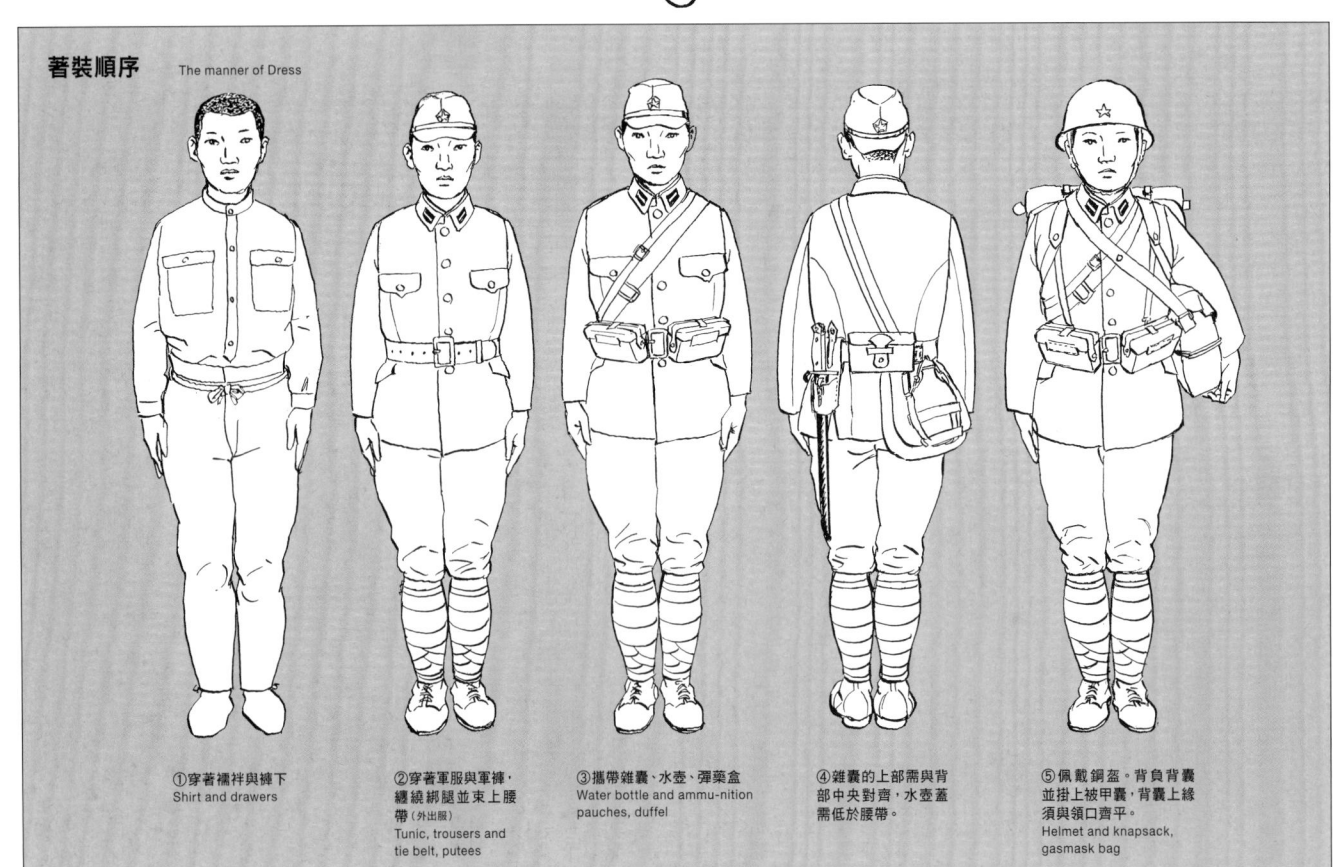

① 穿著襯衫與褲下
Shirt and drawers

② 穿著軍服與軍褲，纏繞綁腿並束上腰帶（外出服）
Tunic, trousers and tie belt, puttees

③ 攜帶雜囊、水壺、彈藥盒
Water bottle and ammu-nition pauches, duffel

④ 雜囊的上部需與背部中央對齊，水壺蓋需低於腰帶。

⑤ 佩戴鋼盔。背負背囊並掛上被甲囊，背囊上緣須與領口齊平。
Helmet and knapsack, gasmask bag

水筒 Water bottle

九四式甲
舊型水壺
Model 1934 Koh (Type 94 Koh) water bottle

九四式乙
類型相同，九四式丙則為橡膠製
Model 1934 Otsu (Type 94 Otsu) water bottle

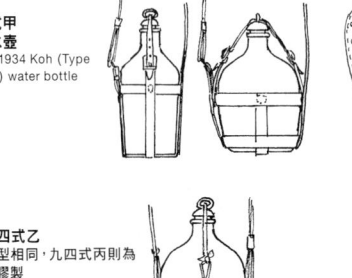

軍靴 Shoes

綁腿結餘需繞足踝兩圈後固定。

以牛皮製成，內側為表皮加工。足弓處刻有年份，側面刻有尺寸標記。
The shoes were made of hide and the size marked on its flank.

腳絆 Putees

繫法

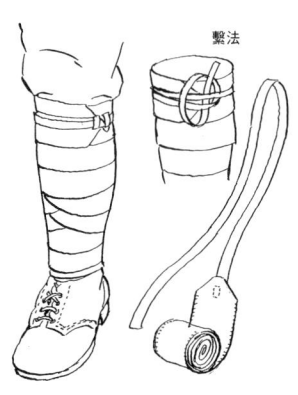

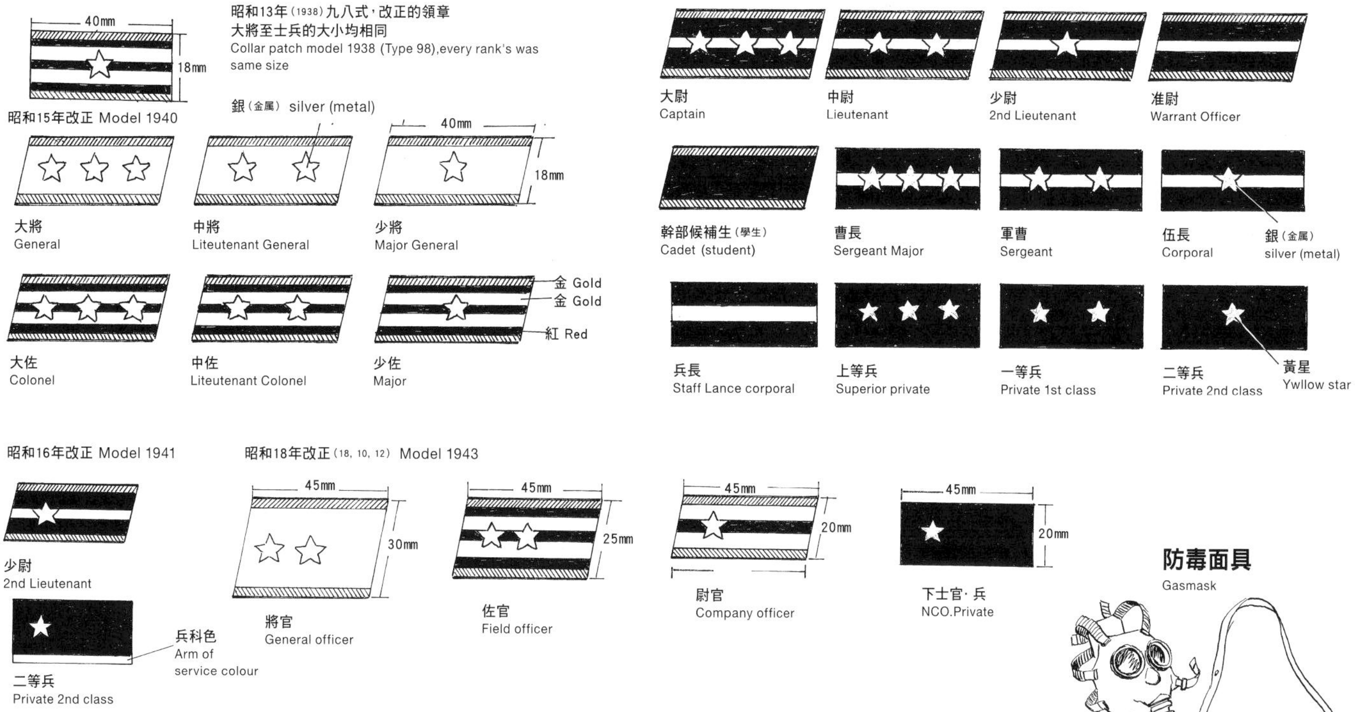

昭和13年（1938）九八式，改正的領章
大將至士兵的大小均相同
Collar patch model 1938 (Type 98), every rank's was same size

40mm / 18mm

昭和15年改正 Model 1940

銀（金屬）silver (metal)   40mm / 18mm

大將 General
中將 Lieutenant General
少將 Major General

金 Gold
金 Gold
紅 Red

大佐 Colonel
中佐 Lieutenant Colonel
少佐 Major

大尉 Captain
中尉 Lieutenant
少尉 2nd Lieutenant
准尉 Warrant Officer

幹部候補生（學生）Cadet (student)
曹長 Sergeant Major
軍曹 Sergeant
伍長 Corporal — 銀（金屬）silver (metal)

兵長 Staff Lance corporal
上等兵 Superior private
一等兵 Private 1st class
二等兵 Private 2nd class — 黃星 Ywllow star

昭和16年改正 Model 1941

少尉 2nd Lieutenant

兵科色 Arm of service colour
二等兵 Private 2nd class

昭和18年改正（18, 10, 12）Model 1943

45mm / 30mm 將官 General officer
45mm / 25mm 佐官 Field officer
45mm 尉官 Company officer
45mm / 20mm 下士官・兵 NCO.Private

兵科色 Arm of service colou
技術部 Engineer／黃色 Yellow, 經理部 Accountant's／銀棕色 Silver brown, 衛生部 Medical／深綠色 Deep green,
獸醫部 Veterinary／紫色 Purple, 軍樂隊部 Military band／深藍色 Deep blue

防毒面具 Gasmask

防毒面具的橡膠管下方裝有蘇打石灰、活性碳、棉、毛氈等填充物，預防水性糜爛性毒氣。面罩部分為橡膠製。

軍帽 Cap
陸軍軍帽的因鉢卷處為紅色，不適合用於野戰。
The band of the cap was a red.

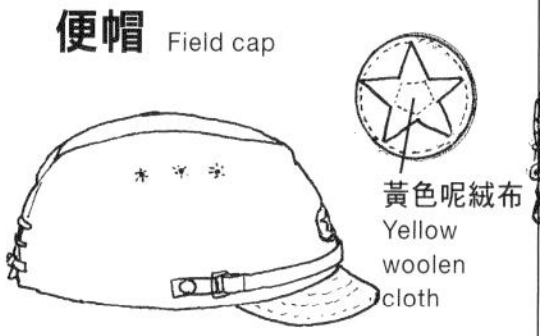

便帽 Field cap
黃色呢絨布 Yellow woolen cloth

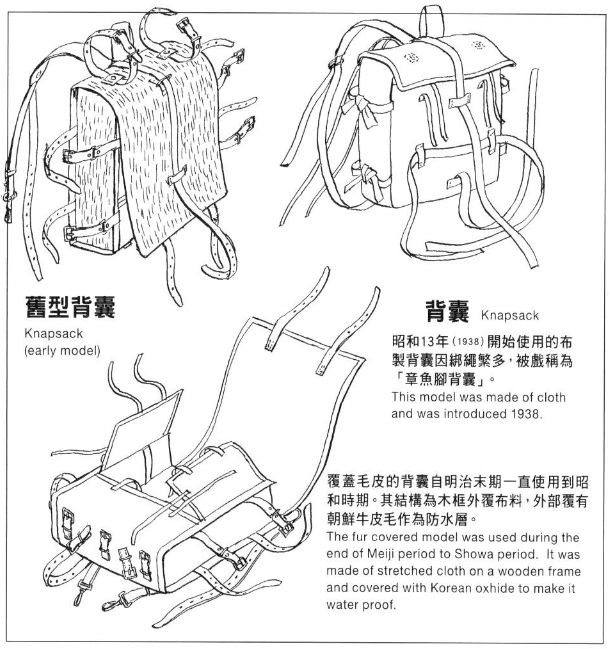

舊型背囊 Knapsack (early model)

背囊 Knapsack
昭和13年（1938）開始使用的布製背囊因綁繩繁多，被戲稱為「章魚腳背囊」。
This model was made of cloth and was introduced 1938.

覆蓋毛皮的背囊自明治末期一直使用到昭和時期。其結構為木框外覆布料，外部覆有朝鮮牛皮毛作為防水層。
The fur covered model was used during the end of Meiji period to Showa period. It was made of stretched cloth on a wooden frame and covered with Korean oxhide to make it water proof.

雜囊 Duffel

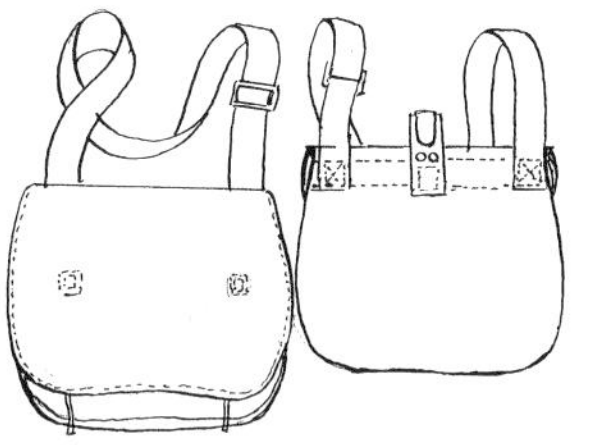

可存放襯衫、褲下、盥洗用品、襪子、服裝、保養工具等。

蓋子 Cover
副食盒 Side dish
湯盒 Soup
飯盒 Rice

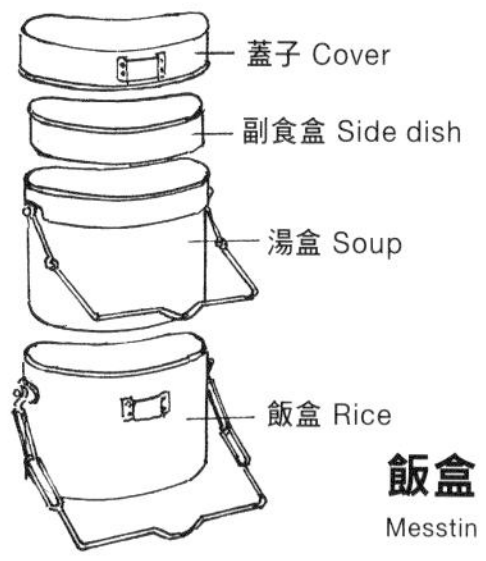

飯盒 Messtin

軍用飯盒為雙層鋁製構造，由本體、中盒與蓋子組成，一次可煮兩餐份量。

鋼盔 Helmet
採用鉻鉬鋼材質，頂部有淺槽，設有四個通氣孔。北方作戰時塗成白色；射擊演習時觀測手戴紅色鋼盔。
It was made of chrome molybdenum steel. It was painted in white during the northern campaign.

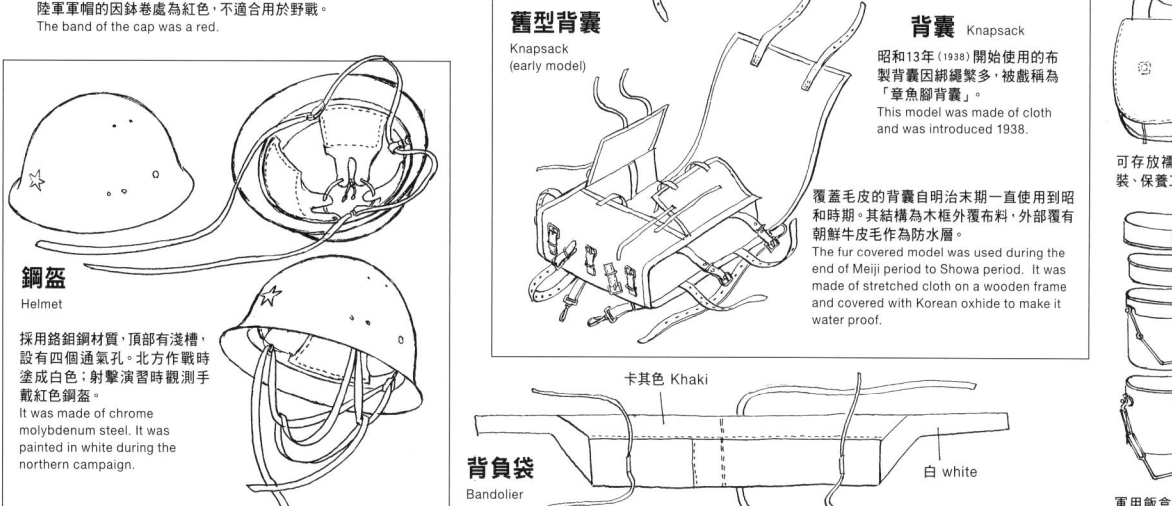

卡其色 Khaki
背負袋 Bandolier
白 white

各種軍衣 Service tunic
日本陸軍軍服從三八式、四五式、改四五式、昭五式、九八式、三式、戰時型等逐步變化。

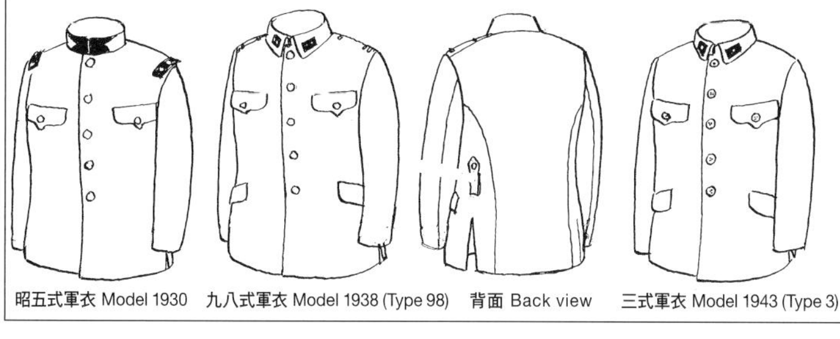

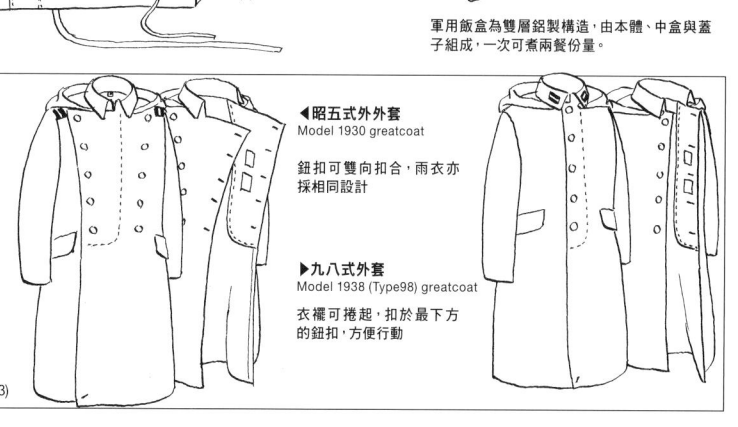

昭五式軍衣 Model 1930
九八式軍衣 Model 1938 (Type 98)
背面 Back view
三式軍衣 Model 1943 (Type 3)

◀昭五式外外套 Model 1930 greatcoat
鈕扣可雙向扣合，雨衣亦採相同設計

▶九八式外套 Model 1938 (Type98) greatcoat
衣襬可捲起，扣於最下方的鈕扣，方便行動

17

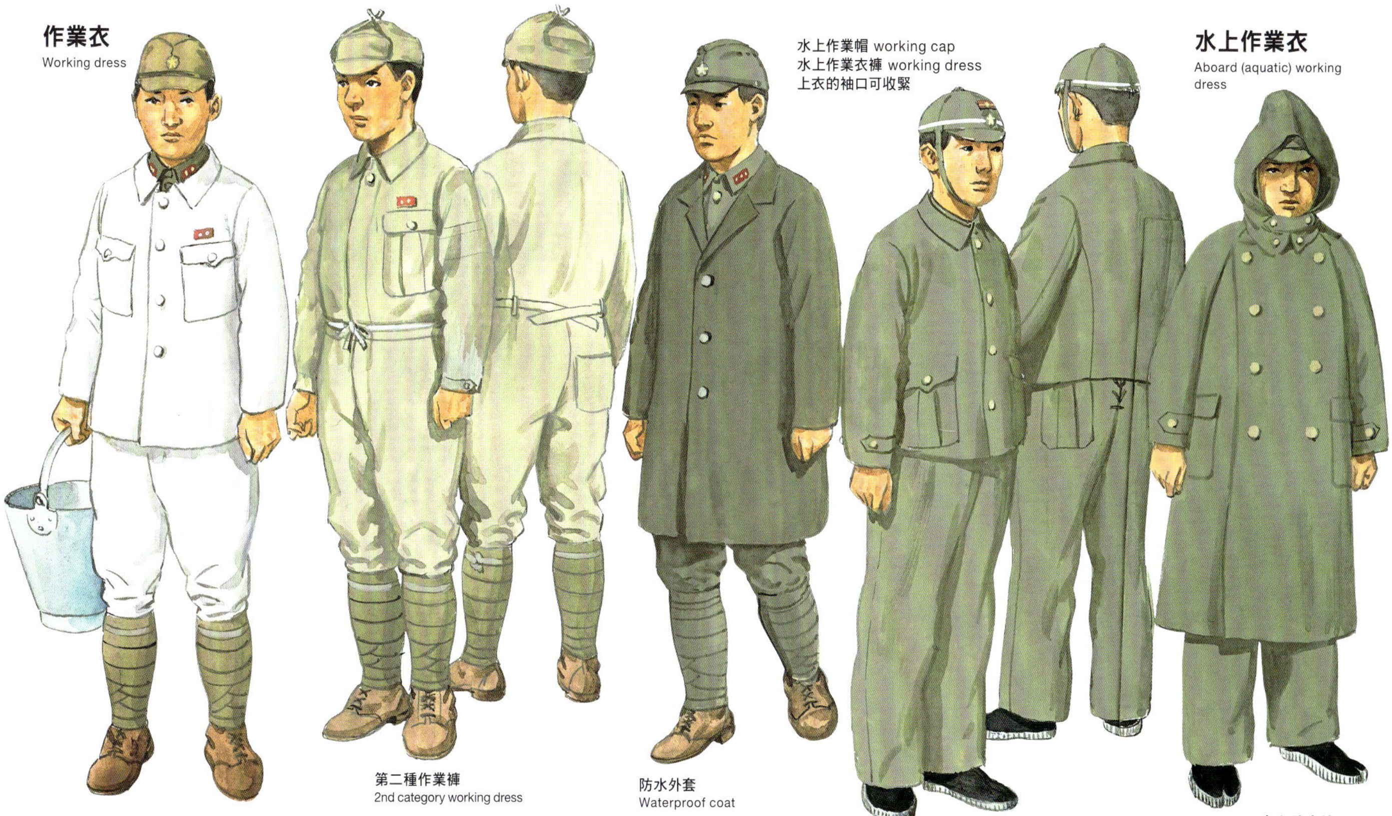

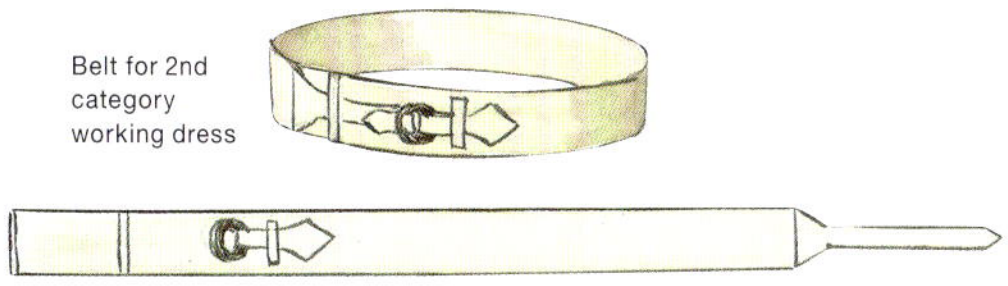

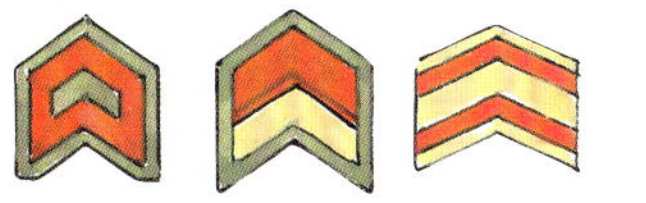

ARMY4

防毒衣·看護衣·患者衣

Gasproof dress,
Nursing dress,
Patient dress

防毒勤務用服裝 Gasproof dress

橡膠塗布茶褐色（卡其色）防毒服，可防止糜爛性毒氣；再配戴防毒面具以阻隔吸入性毒氣。

Rubber coated khaki gasproof dress. It was used with a gasmask.

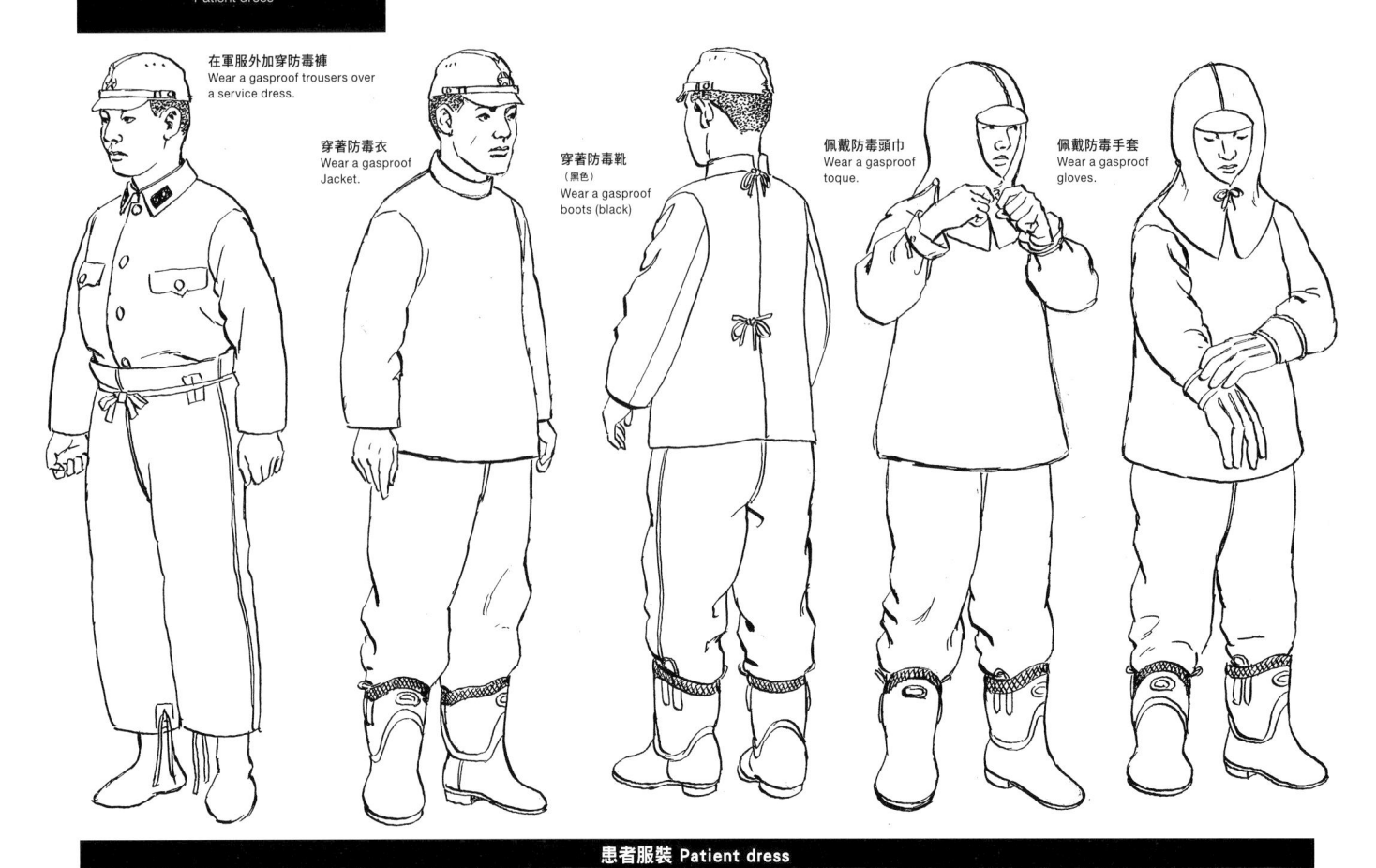

- 在軍服外加穿防毒褲
  Wear a gasproof trousers over a service dress.
- 穿著防毒衣
  Wear a gasproof Jacket.
- 穿著防毒靴（黑色）
  Wear a gasproof boots (black)
- 佩戴防毒頭巾
  Wear a gasproof toque.
- 佩戴防毒手套
  Wear a gasproof gloves.

患者服裝 Patient dress

患者章 Patient arm patch — 58mm × 58mm

◀患者夏衣（卡其色棉布）
冬衣的款式相同，但材質為棉絨。
Cotton summer patient dress (khaki). The same cut winter one was made of cotton flannel.

▶患者外套 卡其色棉絨
Patient coat (khaki, cotton flannel)

▲患者披風 卡其色防水布。
Patient mantle (khaki, water repellent canvas)

▲患者防寒斗篷 卡其色絨布
Patient protective cover against the cold (khaki, felt)

患者圍巾 卡其色絨布。
Patient muffler (khaki, felt)

患者足袋 卡其色絨布
Patient digitated socks (khaki, felt)

20

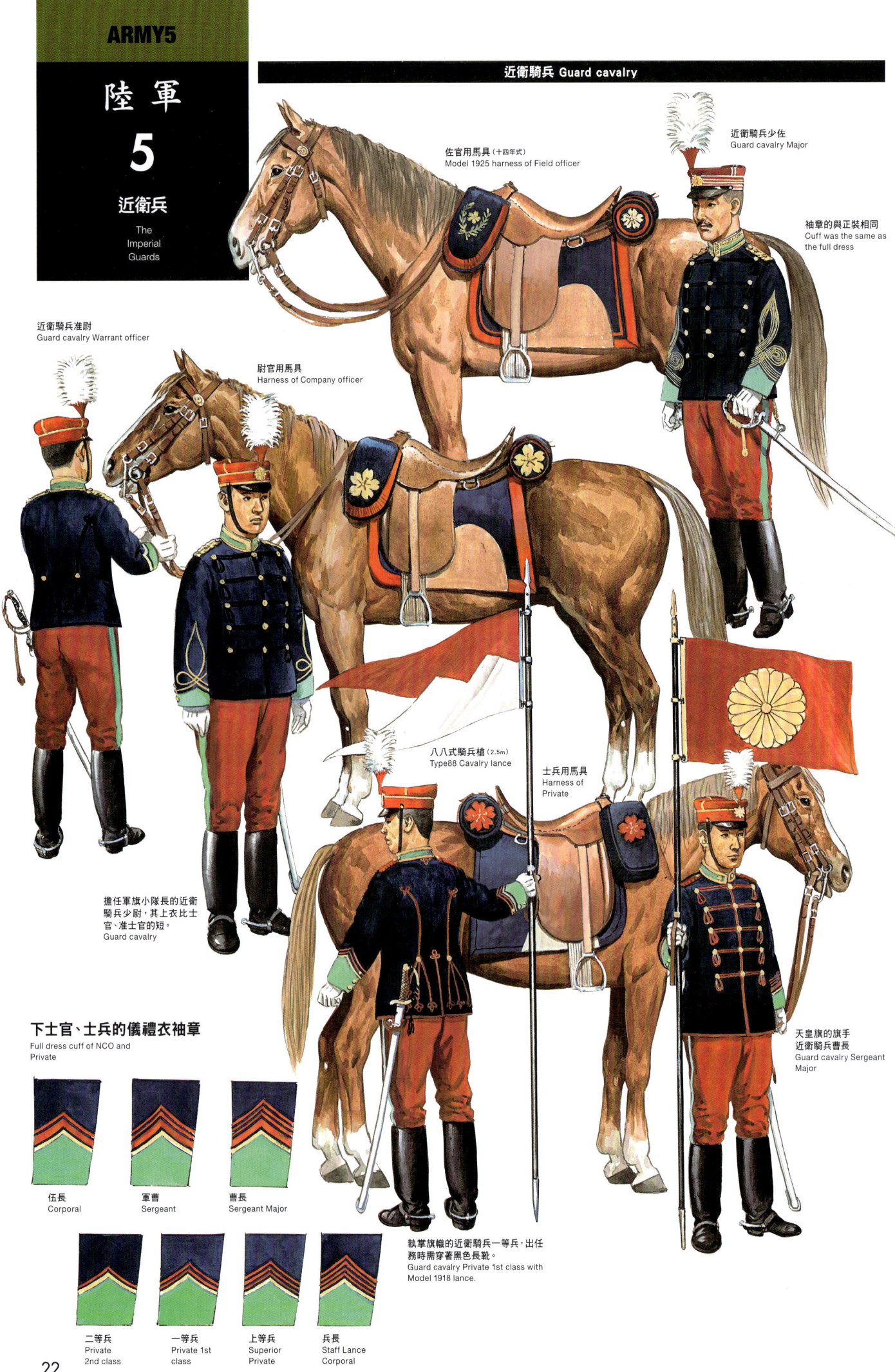

軍帽的前章 Cockade

便帽的前章 Cockade for side cap

士兵用肩章 Shoulder strap of private

左肩 Left shoulder   右肩 Right shoulder

櫻花章 Cherry blossom badge

士兵用領章 Collar of private

近衛步兵、砲兵
Guard infantry man and Guard artillery man

近衛步兵、近衛砲兵、近衛輜重兵並無特定的禮儀服裝或褲裝。
Guard infantry, artillery and supply trooper had no full dress equipment.
除了帽章外，與其他兵科均相同。
They had issued the standard service dress except a cockade

◀近衛兵校儀禮褲
Guard cavalry officer full dress trousers

▶下士官、士兵用儀禮褲
NCO and private full dress trousers

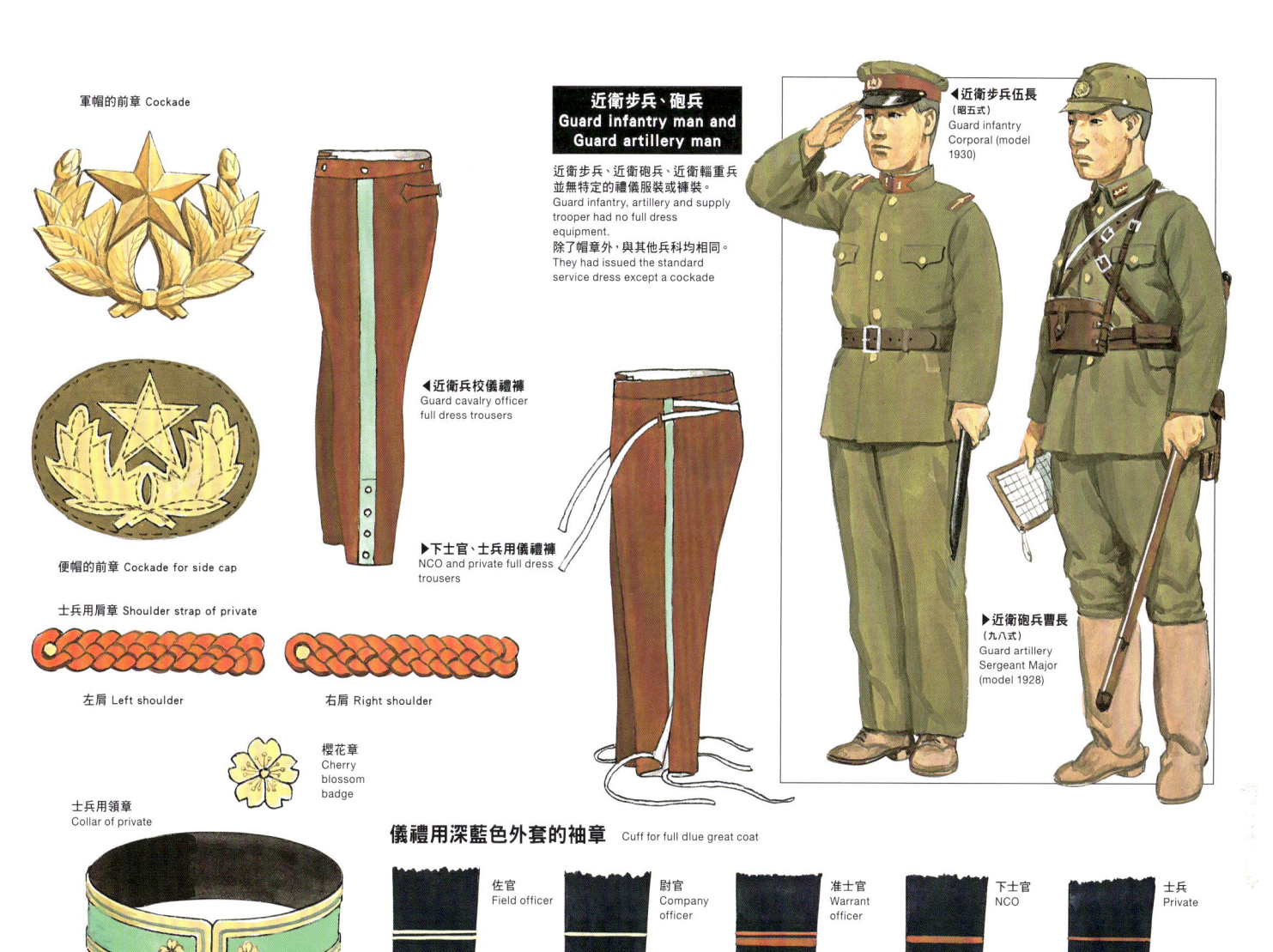

◀近衛步兵伍長
（昭五式）
Guard infantry Corporal (model 1930)

▶近衛砲兵曹長
（九八式）
Guard artillery Sergeant Major (model 1928)

儀禮用深藍色外套的袖章 Cuff for full dlue great coat

| 佐官 Field officer | 尉官 Company officer | 准士官 Warrant officer | 下士官 NCO | 士兵 Private |

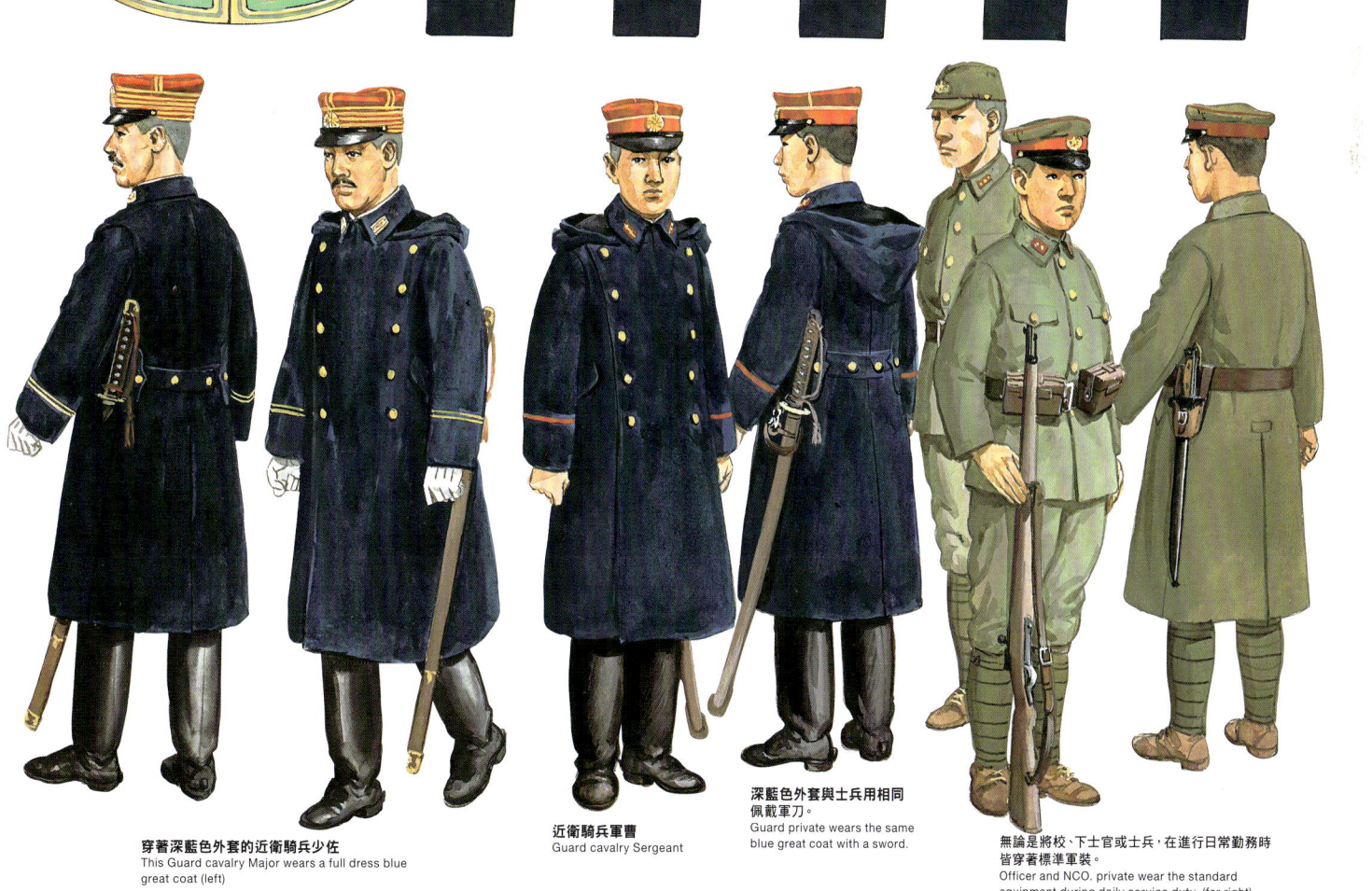

穿著深藍色外套的近衛騎兵少佐
This Guard cavalry Major wears a full dress blue great coat (left)

近衛騎兵軍曹
Guard cavalry Sergeant

深藍色外套與士兵用相同佩戴軍刀。
Guard private wears the same blue great coat with a sword.

無論是將校、下士官或士兵，在進行日常勤務時皆穿著標準軍裝。
Officer and NCO. private wear the standard equipment during daily service duty. (far right)

23

ARMY5
近衛兵
The Imperial Gurds

日本帝國陸軍的近衛兵是在明治四年正式設立的,主要負責宮中的警備與進行宮廷儀式時的供奉任務,編制包括:近衛步兵、近衛騎兵、近衛砲兵、近衛輜重兵等(簡稱近步、近騎、近砲)。其中,近步負責皇宮警備,近騎擔任供奉職責,近砲則負責在儀式中發射禮砲。

近衛兵的士兵都是全國各師團中的精銳,且因天皇與皇族成員常以隊附士官的身分任官,使得近衛隊成為軍中的菁英師團。近衛兵每日換穿全新的軍服,並在使用過後轉交給一般師團使用。

最初,近步於明治時期的編制為4個連隊,戰爭後期擴增至10個,並在各地作戰。

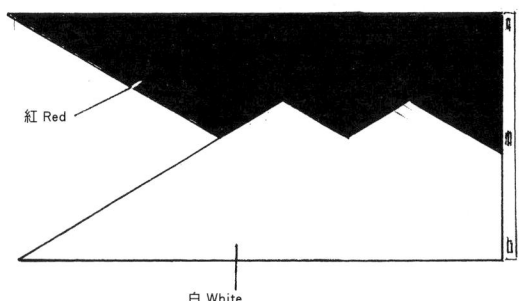

供奉旗 Guard flag
紅 Red
白 White

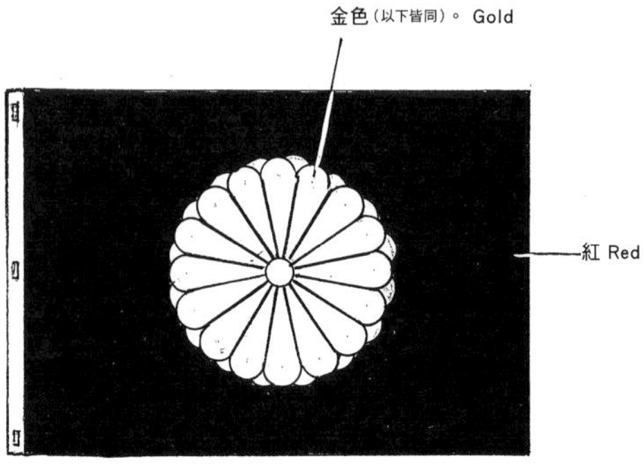

金色(以下皆同)。 Gold
紅 Red

天皇旗 Emperor flag
布料為錦,旗桿與旗幟以紫色絲繩相連。

擔任天皇與皇族供奉任務的近衛兵,僅在鹵簿行列(天皇出巡儀仗隊)、儀杖勤務等正式場合,且接到正裝命令時才會穿著正裝。演習或旅行時則著常軍服執行供奉任務。

供奉騎兵的長槍下端會插入右腳鐙的固定筒內,以保持固定。
Stirrups with lance end holder

24

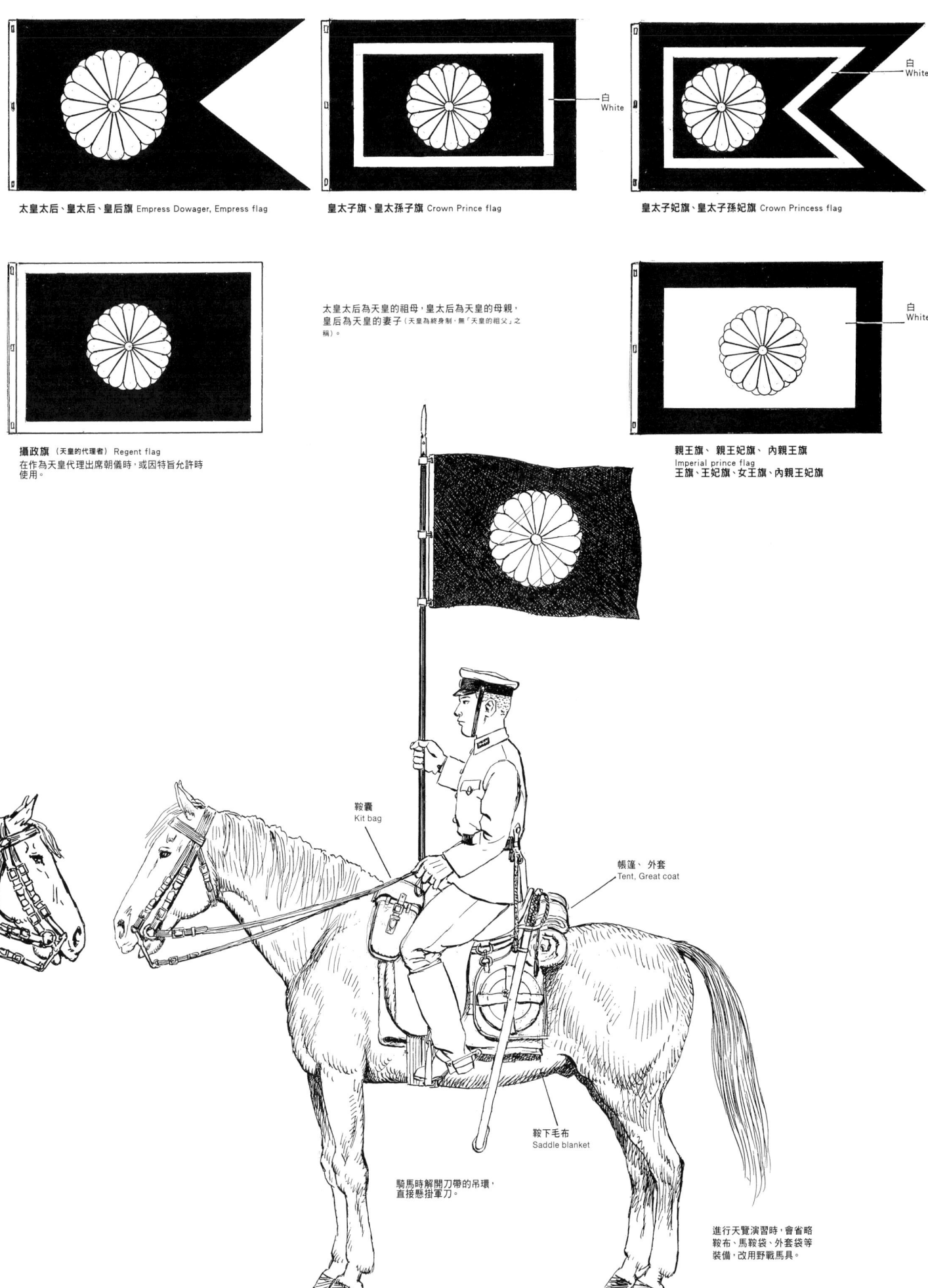

ARMY 6

陸軍 6
憲兵・法務兵・軍樂兵
Military police
Judge advocate
Military band

憲兵 Military police

憲兵徽章和裝著位置
Military police badge

身著昭五式軍裝的憲兵中尉
This military police Lieutenant wears model 1930 service dress.

著九八式軍衣的憲兵中尉
佩槍為私人物品──布朗寧手槍

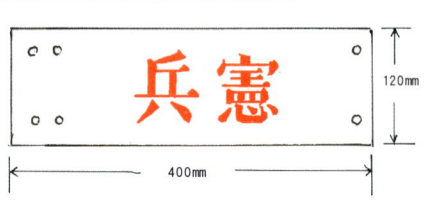

憲兵腕章
Arm band of military police
從孔中穿入繩索綁緊，並用安全別針固定上緣。原本應使用楷簪（固定用的簪子），但這僅限於下士官與士兵，將校則不使用。

This military police Lieutenant wears model 1938 service dress with a Browning pistol.

昭和16年修改兵科色，其他兵科則以徽章來區分。
Model 1941 arm of service colour

衛生部徽章
Collar patch of medical team

技術部 Engineer 
經理部 Accountant's 
衛生部 Medical team

獸醫部 Veterinary
軍樂部 Military band

身著正式軍服與禮裝的憲兵將校（憲兵少尉）
僅制帽與其他兵科不同。憲兵的最高軍階為大佐。
Full dress military police officer.

外勤時，曹長在袖子上佩戴MP臂章
Military police Sergeat Major with 'MP' arm band.

披著九八式憲兵用披風的伍長
憲兵的最低軍階為上等兵
Military police corporal with model 1938 mantle.

昭五式披風
Model 1930 mantle

軍曹的銅盔上繪有白色識別線，以便於夜間辨識（本土勤務）。
This military police Sergeant wears a helmet with a white band for night duty.

法務兵 Judge advocate

昭和17年，法務兵由文官改為武官，並正式制定服制。
The judge advocate switched to the military from the civil service and made their uniforms in 1942.

法務兵的領章 Collar patch of judge advocate

將校（法務少尉）Officer (judge advocate Second Lieutenant)

下士官（法務軍曹）NCO (judge advocate Sergeant)

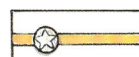
士兵（星章、座金、法務伍長）private (judge advocate corporal)

法務兵的最低軍階為伍長

法務兵的佩刀帶與前章
Full dress belt and buckle for judge advocate

陸軍監獄長的正式軍服
高等官三等（法務大佐）、法務兵的最高軍階為大佐。
Governor of army prison (Colonel of judgeadvocate)

陸軍錄事的常服
高等官七等（法務准尉）
Judge advocate warrant officer

穿著昭五式軍衣的陸軍警察（法務伍長）
This judge advocate corporal wears model 1930 service dress.

穿著九八式軍衣的監守（法務軍曹）
This prison guard (judge advocate Sergeant) wears model 1938 service dress.

收監者的服裝
無口袋，且褲帶位在後方。
Prisoner of army prison

軍樂兵 Military band

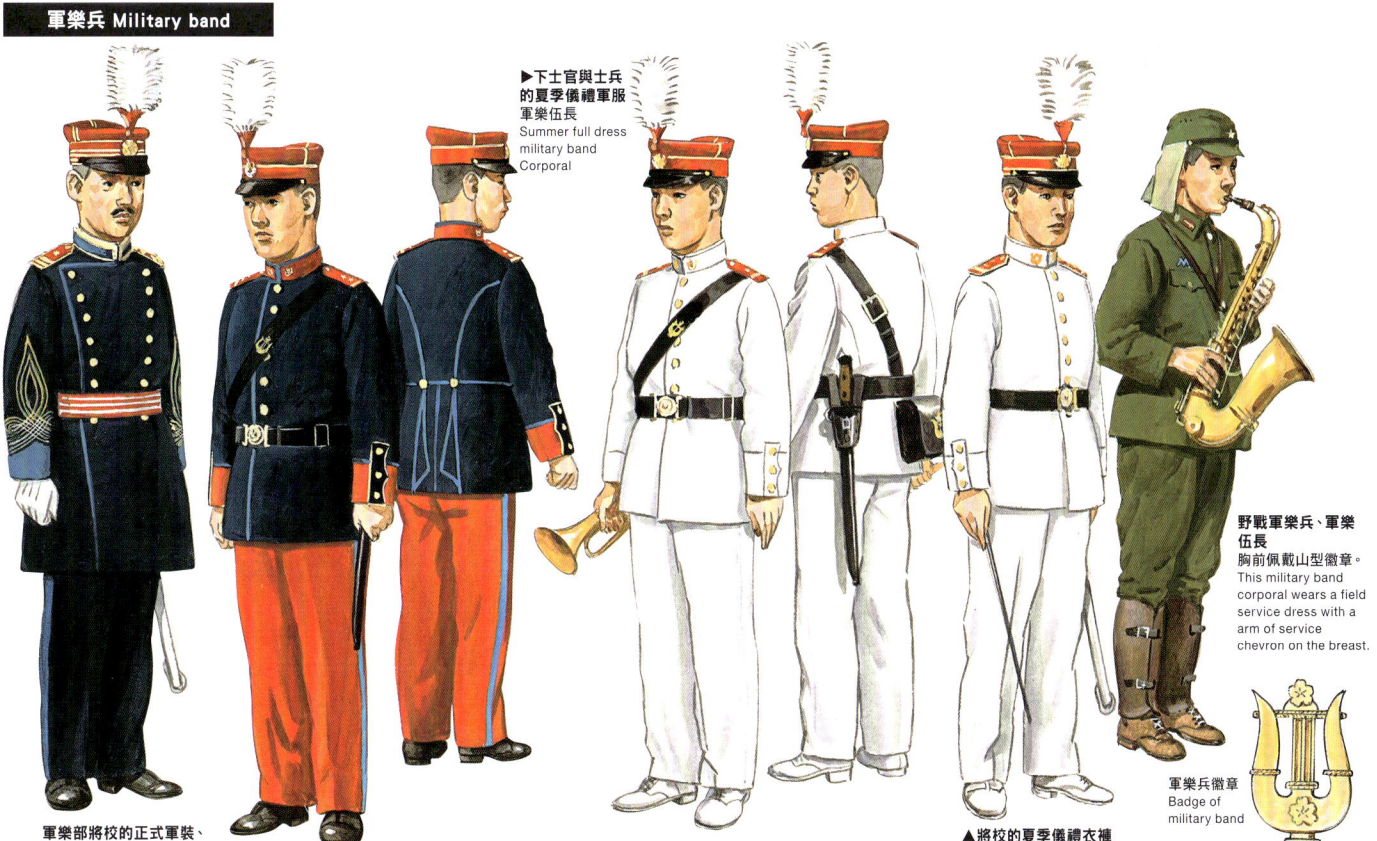

軍樂部將校的正式軍裝、軍樂大尉（後期）
軍樂兵的最高軍階為少佐。
Full dress military band Captain

▲軍樂部、下士官・士兵的儀禮衣褲
軍樂曹長
Full dress military band Sergeant Major

▶下士官與士兵的夏季儀禮軍服
軍樂伍長
Summer full dress military band Corporal

▲將校的夏季儀禮衣褲
軍樂中尉（二等樂長）
Summer full dress military band Lieutenant

野戰軍樂兵、軍樂伍長
胸前佩戴山型徽章
This military band corporal wears a field service dress with a arm of service chevron on the breast.

軍樂兵徽章
Badge of military band

27

ARMY6

憲兵・法務兵・軍樂兵
Military Police
Judge advocate
Military Band

憲兵 Military police

憲兵是一種負責軍隊內部警察勤務的兵科，在國內及占領地進行治安維持、反間諜活動。組成員皆為經選拔的志願者，在接受法律、軍事情報、通信技術、逮捕術等訓練的精英。

服裝與其他兵科的差異在於領章、臂章及憲兵披風。

憲兵的最低軍階為上等兵，但配備軍刀、手槍，並穿戴棕色的綁腿。當人員短缺時，會從一般部隊中選派，擔任補助憲兵。

憲兵披風
Military police mantle

憲兵用披風（九八式）
長度可調整為距離骸關節50公分。
Model 1938 mantle

頭布 Toque

星章（尉官、大尉）

Badge (company officer, Captain)

憲兵用披風（昭5式）
Model 1930 mantle

法務兵 Judge advocate

法務兵是負責執行陸軍刑法的軍職人員，主要在法院及監獄工作。

一般的軍法會議由4名判士（兵科將校）、1名法務官（法務將校）、數名陸軍錄事（判任或奏任官）及警查（下士官兵）組成。

判士的組成會依被告的階級而改變：當被告為下士官或士兵時，判士為佐官1人、尉官3人，或佐官2人、尉官2人。當被告為准士官時，判士為佐官2人、尉官2人。當被告為佐官時，判士為將官1人、佐官3人，或將官2人、佐官2人。被告為將官時，判士為將官4人。

偵辦法律問題較為複雜的高等軍法會議則由判士3人、法務官2人擔任審判官。

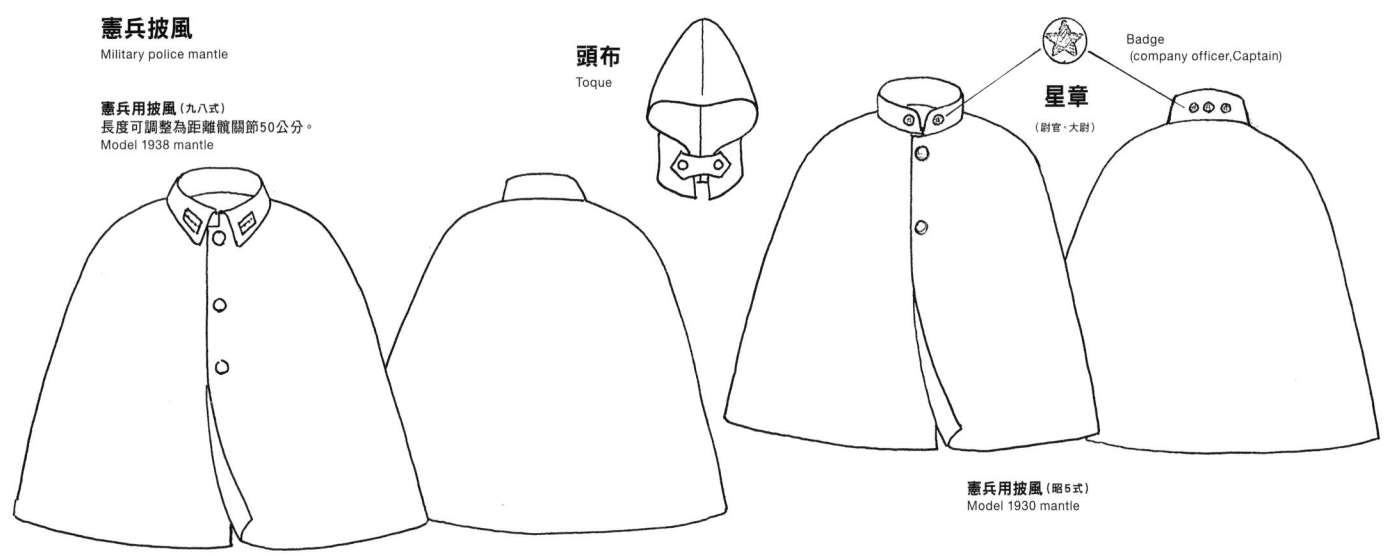

領章 Collar patch — 金 Gold, 深藍 Dark blue, 金 Gold

肩章 Shoulder strap — 金色金屬 Gold metal, 金色（沒有星章）Gold without star

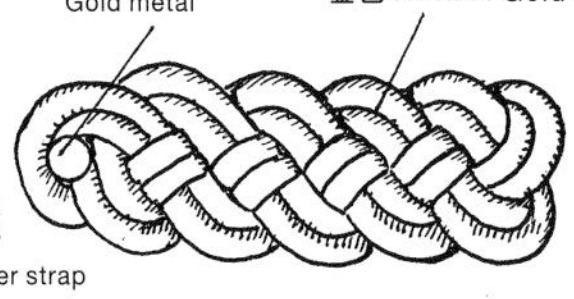

正帽 Full dress cap
- 白色駝鳥毛 White ostrich feather
- 飾章金（寬2寸1分）Gold badge
- 勒任官 An official appointed by the Emperor 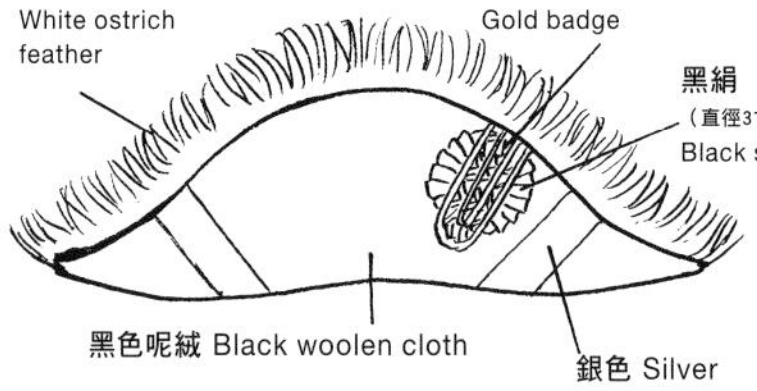
- 黑絹（直徑3寸5分）Black silk
- 黑色呢絨 Black woolen cloth
- 銀色 Silver
- 奏任官（佐官）An official appointed with the Emperor's approval (field officer) 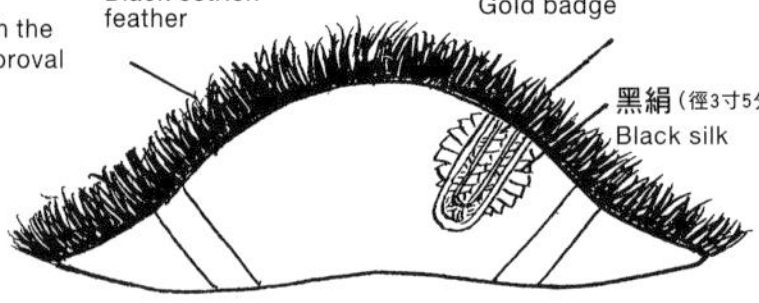
- 黑色駝鳥毛 Black ostrich feather
- 飾章金（幅1寸5分）Gold badge
- 黑絹（徑3寸5分）Black silk
- 判任官（尉官）Junior official (Company officer)

正衣褲 Full dress — 深藍 Dark blue

▲高等官正衣 Senior official full dress

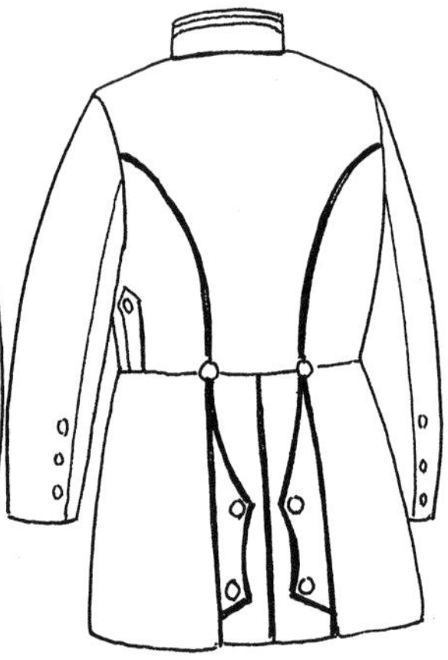

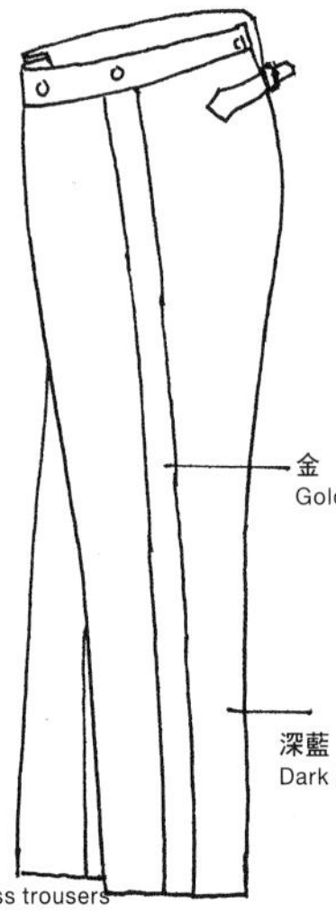

正褲 Full dress trousers — 金 Gold, 深藍 Dark blue

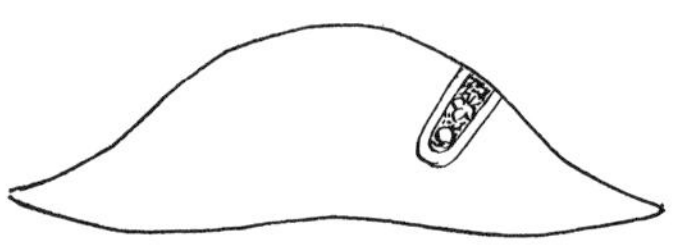

袖章 Cuff

|  |  |  |  |

高等官三等（大佐担當官）Third senior official (Colonel)

高等官四等（中佐担當官）Fourth senior official (Lieutenant Colonel)

高等官五等（少佐担當官）Fifth senior official (Major)

高等官六等（大尉担當官）Sixth senior official (Captain)

高等官七等（中尉担當官）Seventh senior official (Lieutenant)

高等官八等（少尉担當官）Eighth senior official (Second Lieutenant)

法務官試補（准尉担當官）Supplementary Judge advocate (Warrant officer)

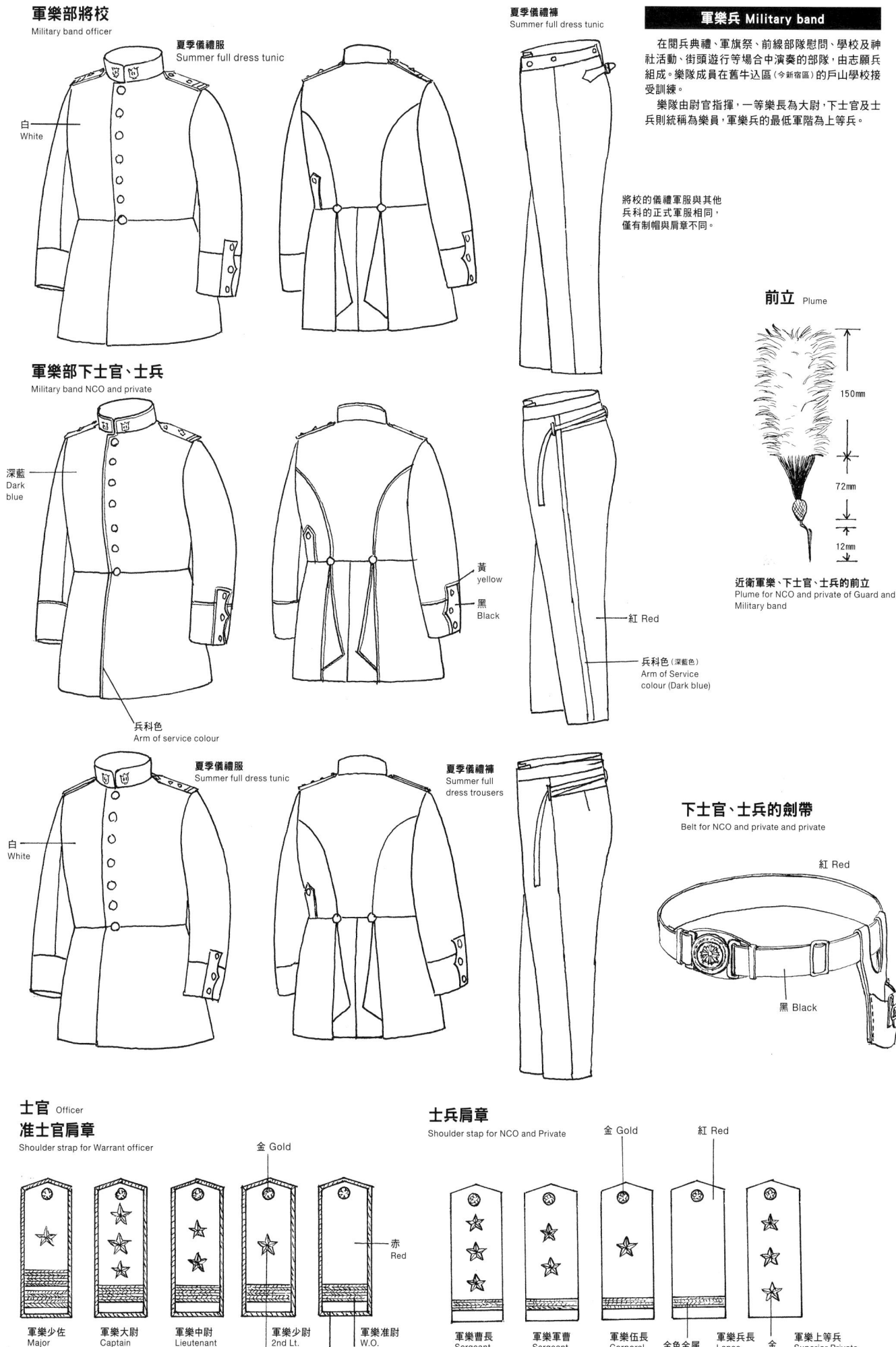

ARMY 7

陸軍 7
戰車兵・騎兵
Tank trooper / Cavalry

戰車帽 Tank helmet

夏用 Summer version

冬用 Winter version

防寒用 Winter version (Extreme climate)

戰車兵 Tank trooper

戰車兵的軍服與作業服褲
車外戰鬥時使用的三八式騎兵步槍與騎兵用彈藥盒。
Tank trooper with M38 carbine and cavalry ammunition pouch

▲身穿九八式軍衣的戰車兵大尉
Captain of tank troop (model 1938 uniform)

▼分離式的航空兵型戰車服
This separate tank dress was very similar to air man's one.

▲將校的作業衣
長靴有黑色與棕色兩種
Officer's working dress. Officers were issued black or brown boots.

▼為了在野外識別教官，軍曹會穿著將校作業服的上衣
This sergeant wears an officers working tunic.

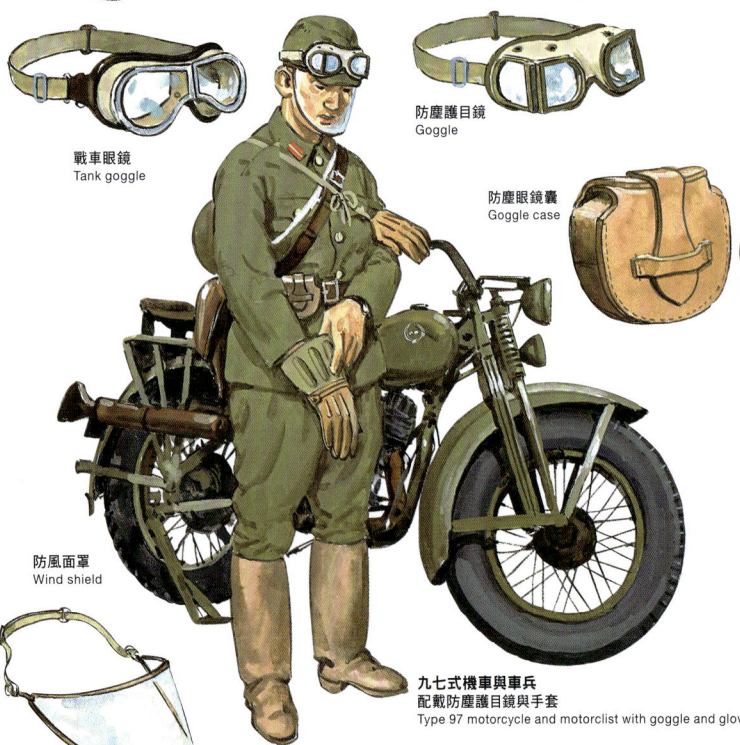

戰車眼鏡 Tank goggle

防塵護目鏡 Goggle

防塵眼鏡囊 Goggle case

防風面罩 Wind shield

九七式機車與車兵
配戴防塵護目鏡與手套
Type 97 motorcycle and motorclist with goggle and gloves

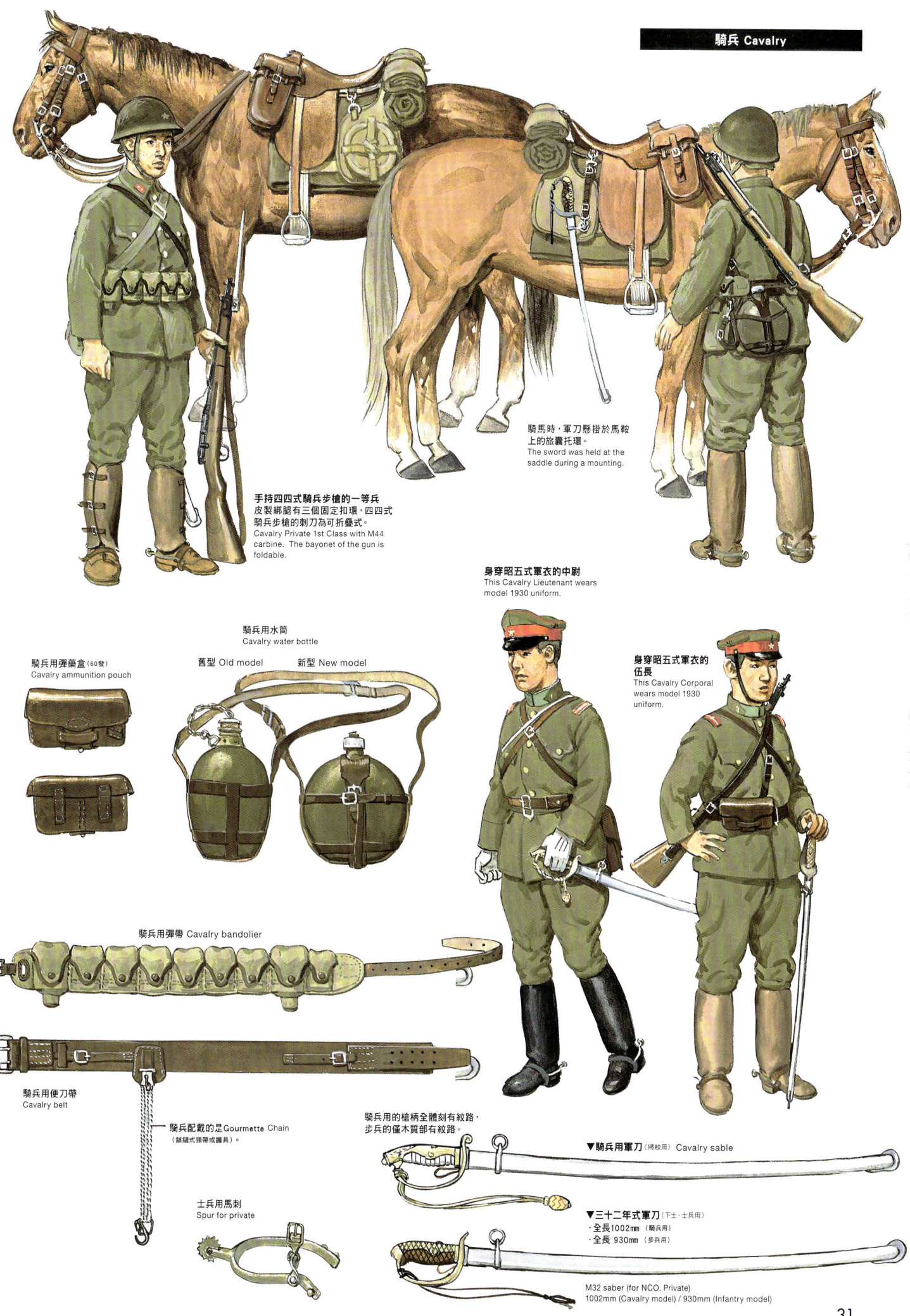

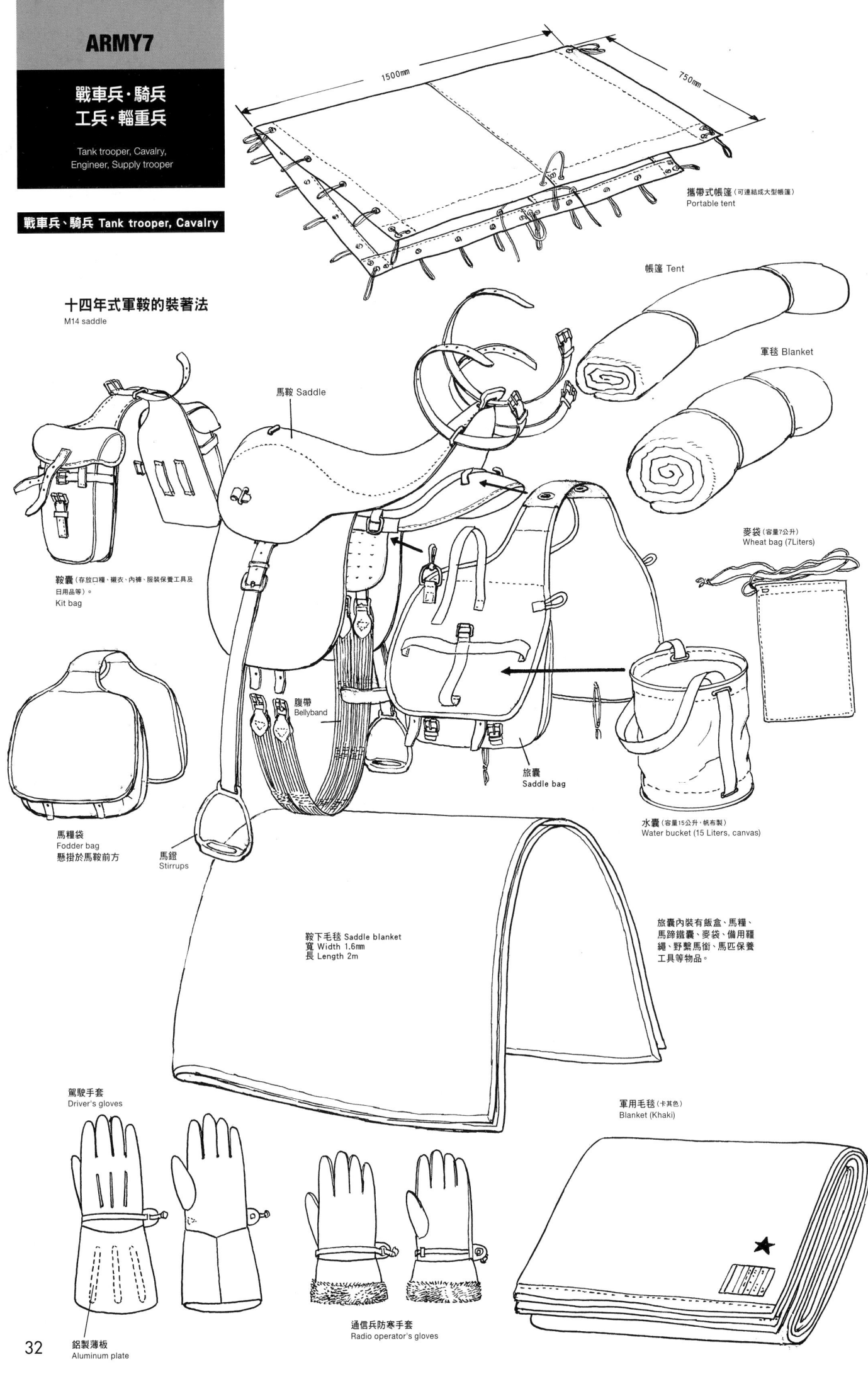

工兵 Engineer

腰部配有工具囊的工兵上等兵。配備三八式騎兵步槍與騎兵用彈藥盒。工兵的軍裝與步兵相同，但背後攜帶著各種工具。
This Engineer Superior Private wears engineer kit bag with M38 carbine and cavalry ammunition pouch.

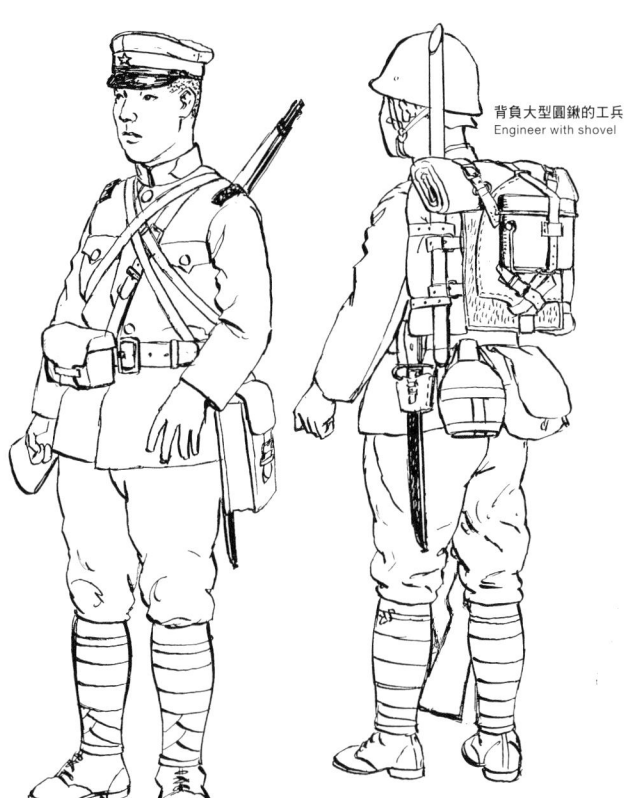

背負大型圓鍬的工兵
Engineer with shovel

各種工具的攜帶方式
Knapsacks of engineer

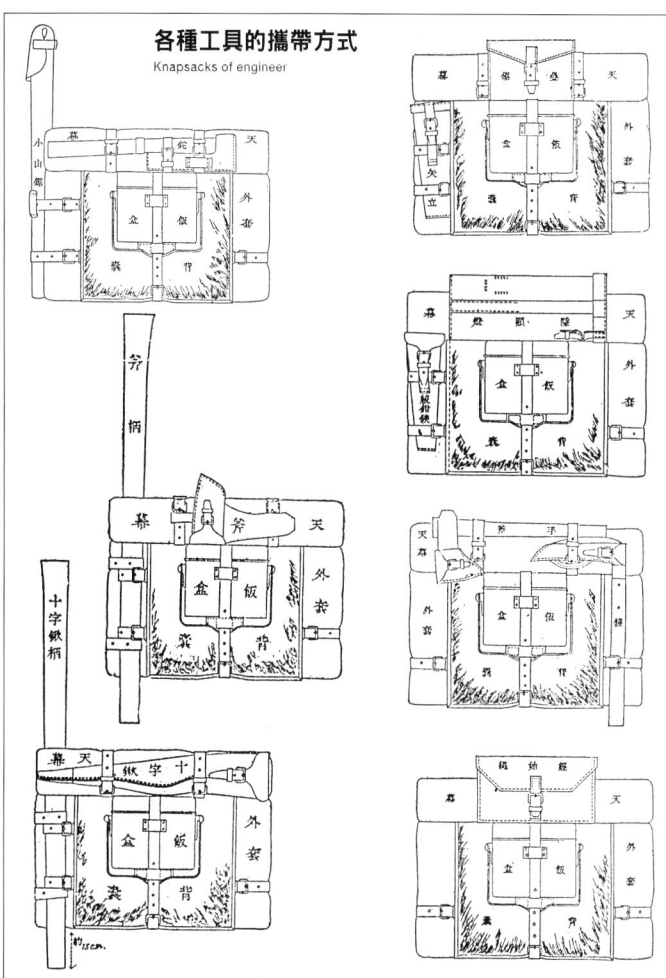

輜重兵 Supply trooper

配備三八式步槍與騎兵彈藥盒的曹長
Supply Sergeant Major with M38 carbine and cavalry ammunition pouch.

軍犬、軍鳩 Military dog, carrier pigeon

擔任聯絡警戒、彈藥運輸等任務的軍犬，主要品種有德國牧羊犬、杜賓犬、迷你品犬（Pinscher）、艾爾戴爾（Airedale Terrier）等。

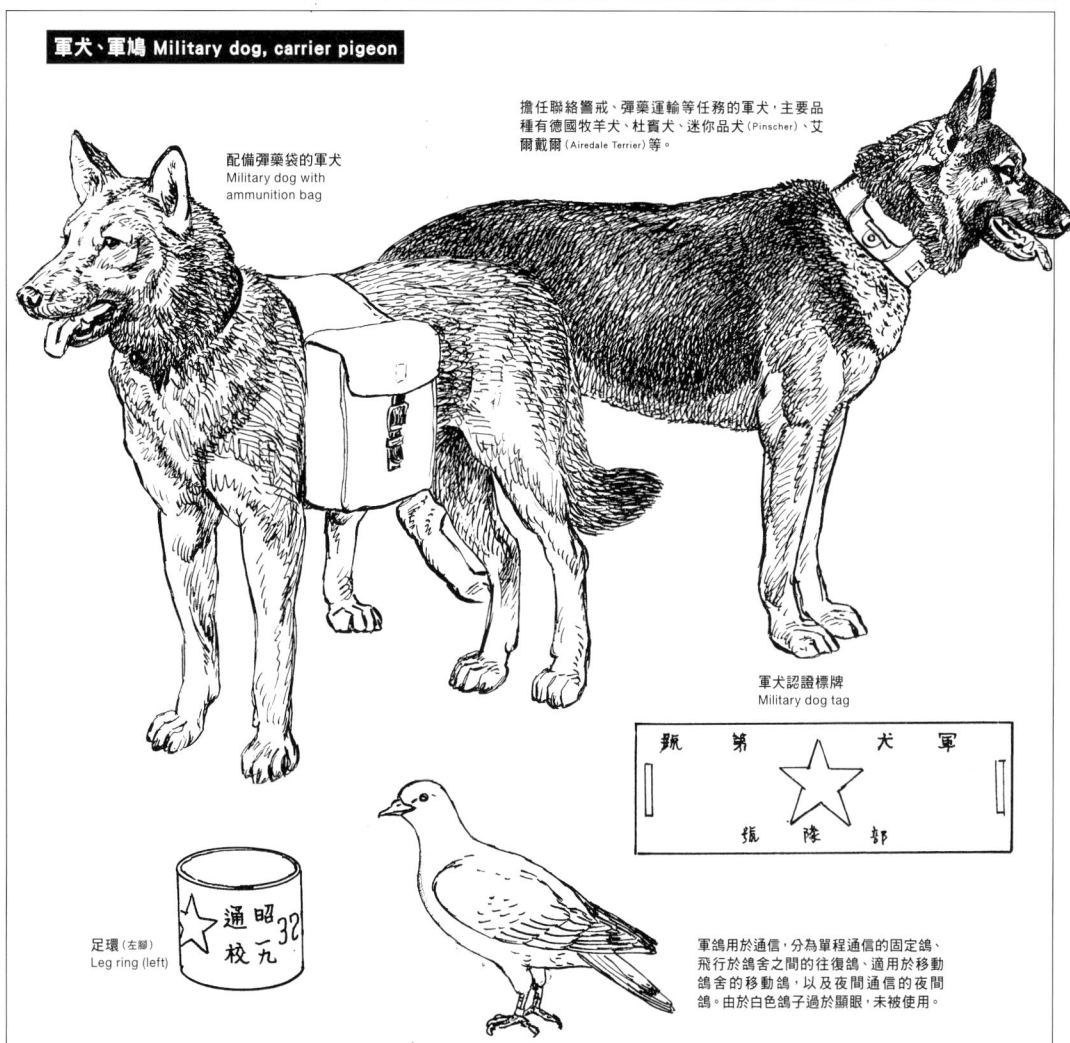

配備彈藥袋的軍犬
Military dog with ammunition bag

軍犬認證標牌
Military dog tag

足環（左腳）
Leg ring (left)

軍鴿用於通信，分為單程通信的固定鴿、飛行於鴿舍之間的往復鴿、適用於移動鴿舍的移動鴿，以及夜間通信的夜間鴿。由於白色鴿子過於顯眼，未被使用。

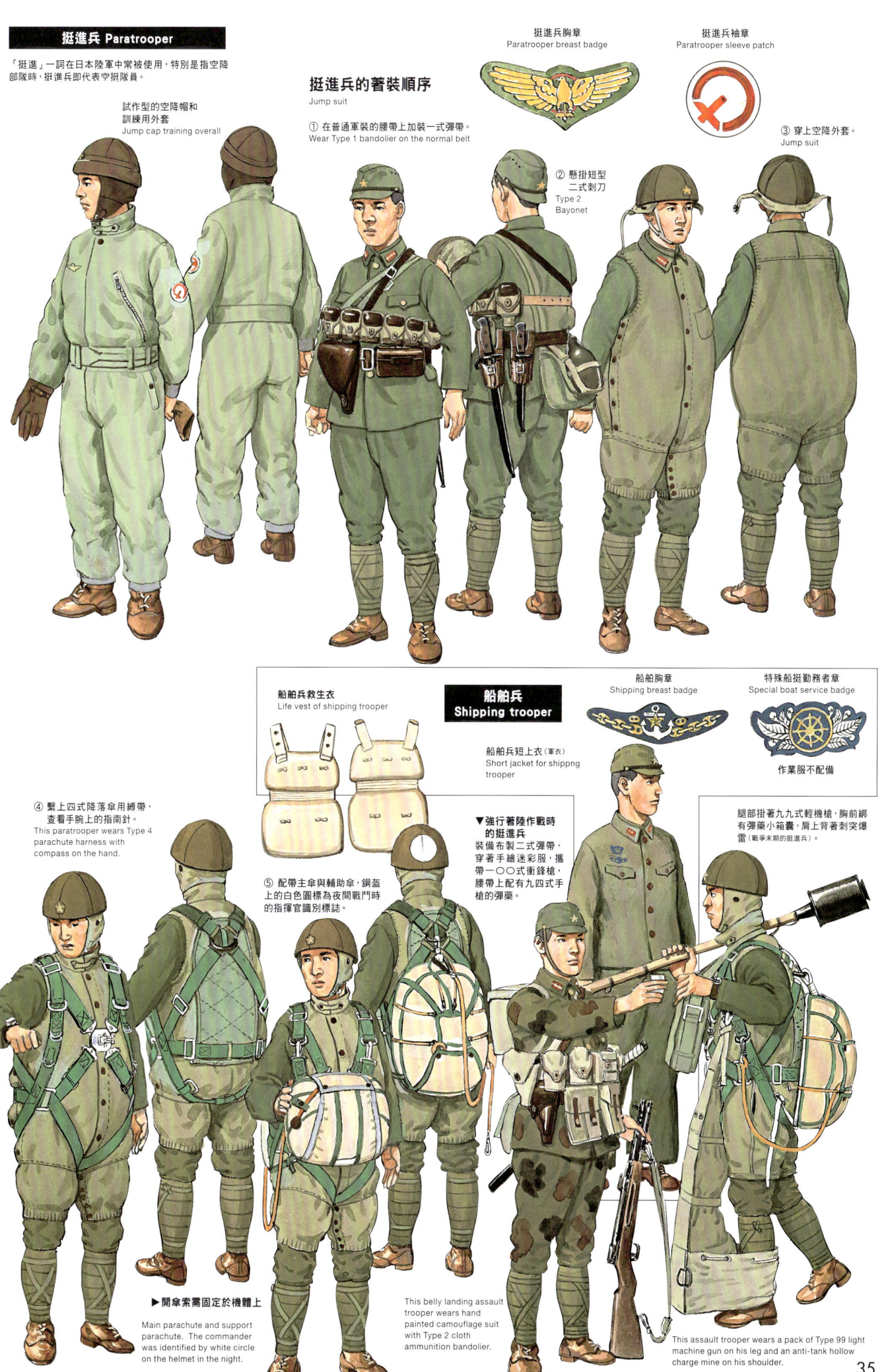

ARMY8

飛行兵・挺進兵・船舶兵

Air man
Paratrooper
Shipping trooper

飛行兵 Air man

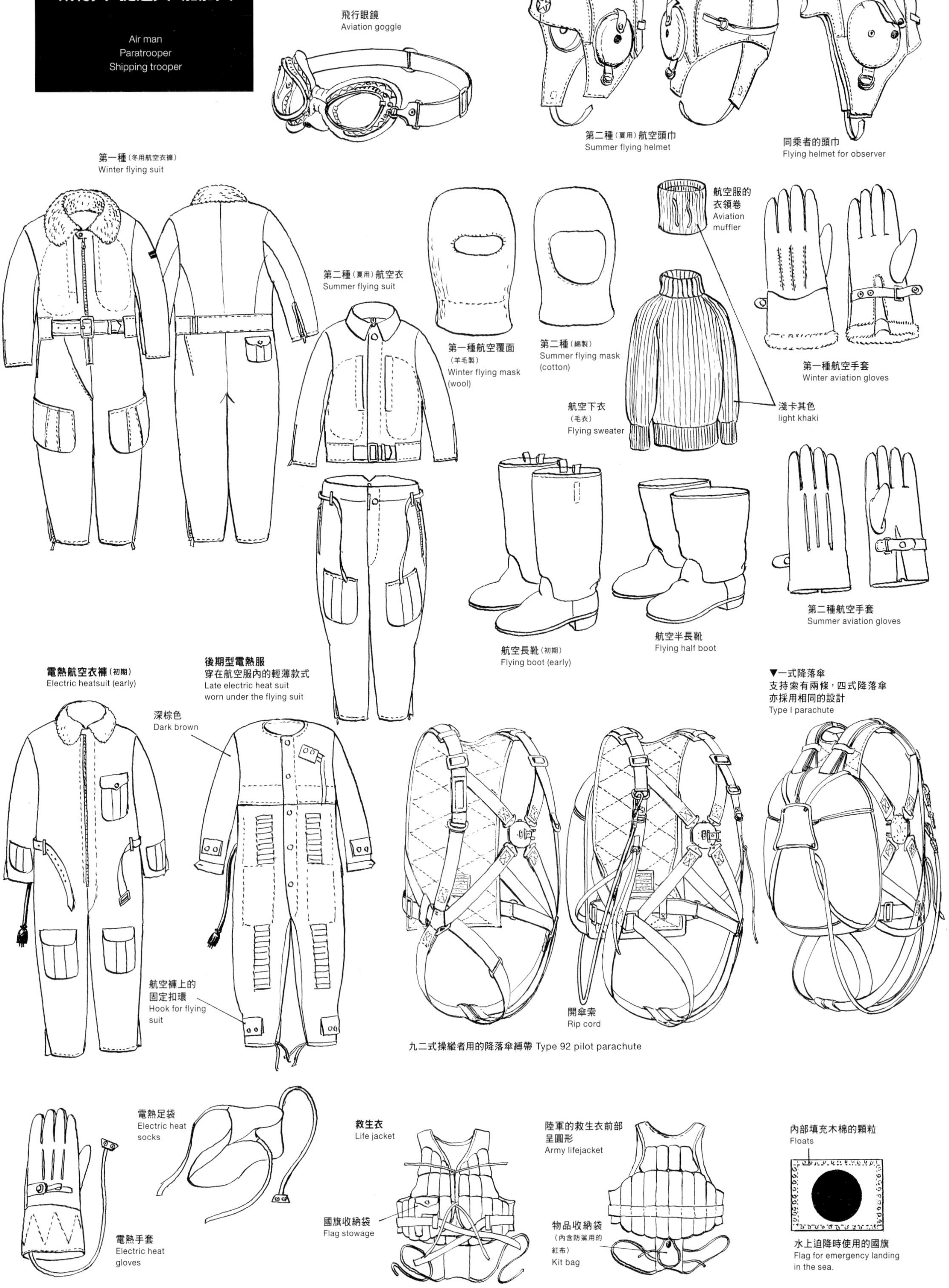

飛行眼鏡
Aviation goggle

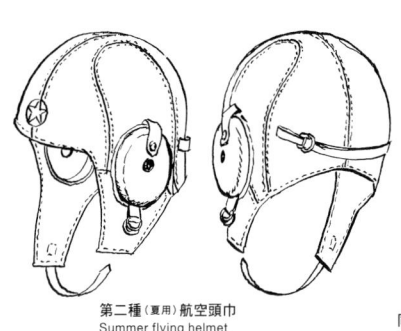

第二種(夏用)航空頭巾
Summer flying helmet

同乘者的頭巾
Flying helmet for observer

第一種(冬用航空衣褲)
Winter flying suit

第二種(夏用)航空衣
Summer flying suit

第一種航空覆面
(羊毛製)
Winter flying mask (wool)

第二種(綿製)
Summer flying mask (cotton)

航空服的衣領卷
Aviation muffler

第一種航空手套
Winter aviation gloves

淺卡其色
light khaki

航空下衣
(毛衣)
Flying sweater

航空長靴(初期)
Flying boot (early)

航空半長靴
Flying half boot

第二種航空手套
Summer aviation gloves

電熱航空衣褲(初期)
Electric heatsuit (early)

後期型電熱服
穿在航空服內的輕薄款式
Late electric heat suit worn under the flying suit

深棕色
Dark brown

航空褲上的固定扣環
Hook for flying suit

開傘索
Rip cord

九二式操縱者用的降落傘縛帶 Type 92 pilot parachute

▼一式降落傘
支持索有兩條，四式降落傘亦採用相同的設計
Type I parachute

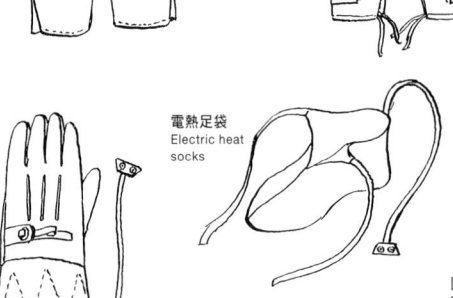

電熱足袋
Electric heat socks

電熱手套
Electric heat gloves

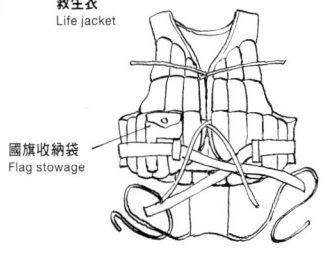

救生衣
Life jacket

國旗收納袋
Flag stowage

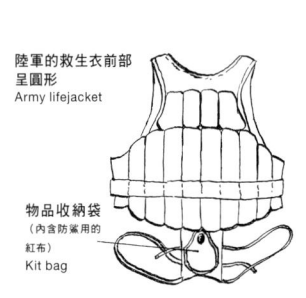

陸軍的救生衣前部呈圓形
Army lifejacket

物品收納袋
(內含防鯊用的紅布)
Kit bag

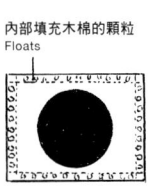

內部填充木棉的顆粒
Floats

水上迫降時使用的國旗
Flag for emergency landing in the sea.

陸軍學校 Army school

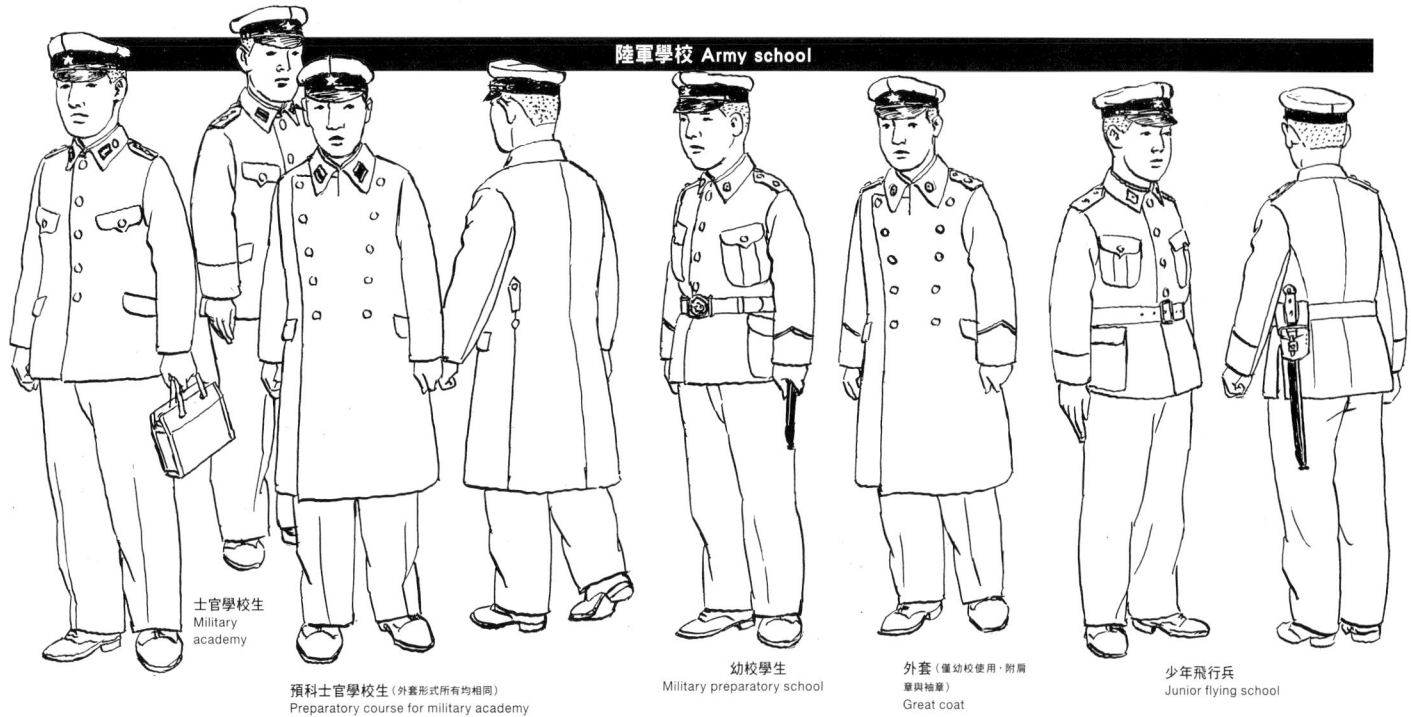

士官學校生
Military academy

預科士官學校生（外套形式所有均相同）
Preparatory course for military academy

幼校學生
Military preparatory school

外套（僅幼校使用，附肩章與袖章）
Great coat

少年飛行兵
Junior flying school

士官學校 Military academy

- 肩章 Shoulder strap
- 領章 Collar patch
- 棕色 Brown
- 金 Gold

初期 Early / 改正後 Late

- 士官候補生 / 技術士官候補生 / 軍醫候補生 — 金 Gold
- 甲種幹部候補生 / 操縱候補生 / 甲種預備候補生 — 銀 Silver
- 乙種幹部候補生 / 特別幹部候補生 / 乙種預備候補生 — 金色金屬 Gold metal

隊附見習士官佩戴曹長的階級章，候補生則佩戴下士官或士兵的階級章。

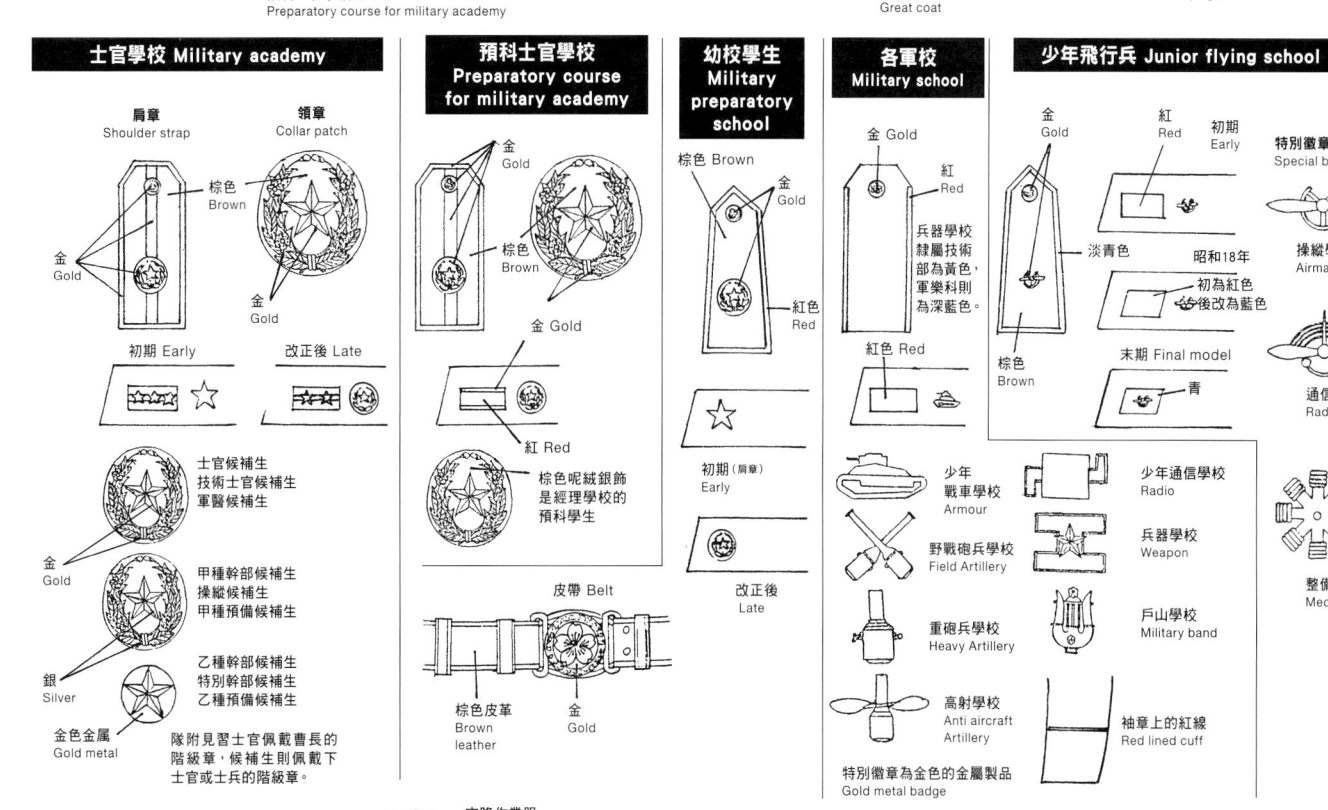

預科士官學校 Preparatory course for military academy

- 金 Gold
- 棕色 Brown
- 紅 Red

棕色呢絨銀飾是經理學校的預科學生

皮帶 Belt
- 棕色皮革 Brown leather
- 金 Gold

幼校學生 Military preparatory school

- 棕色 Brown
- 金 Gold
- 紅色 Red

初期（肩章）Early / 改正後 Late

各軍校 Military school

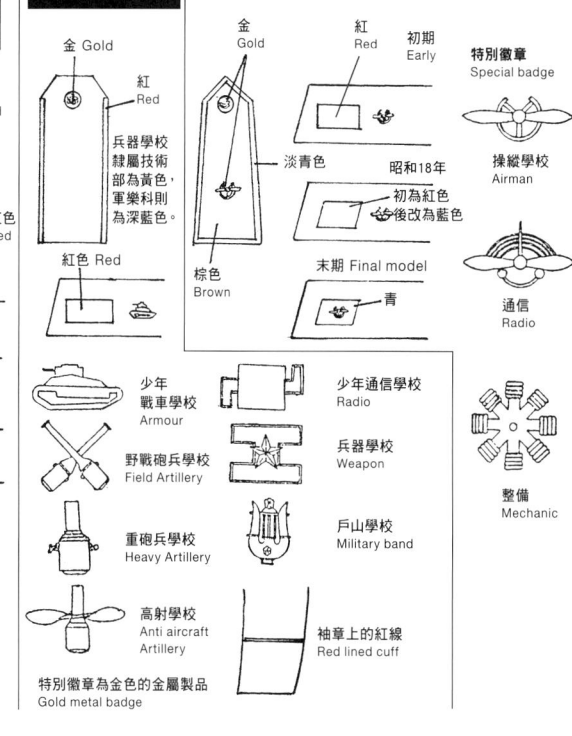

- 金 Gold
- 紅 Red
- 兵器學校隸屬技術部為黃色，軍樂科則為深藍色。
- 棕色 Brown
- 紅色 Red

- 少年戰車學校 Armour
- 野戰砲兵學校 Field Artillery
- 重砲兵學校 Heavy Artillery
- 高射學校 Anti aircraft Artillery
- 少年通信學校 Radio
- 兵器學校 Weapon
- 戶山學校 Military band
- 袖章上的紅線 Red lined cuff

特別徽章為金色的金屬製品 Gold metal badge

少年飛行兵 Junior flying school

- 金 Gold
- 紅 Red
- 淡青色
- 棕色 Brown
- 青

初期 Early / 昭和18年（初為紅色後改為藍色）/ 末期 Final model

特別徽章 Special badge
- 操縱學校 Airman
- 通信 Radio
- 整備 Mechanic

挺進兵 Paratrooper

空降外套（也有無束口的款式）Jump suit

空降作業服 Jump work suit

義烈空挺隊在當地改造的上衣，內裡露出下方防暑服的衣領。

The special jacket of Giretus-Kuteitai.

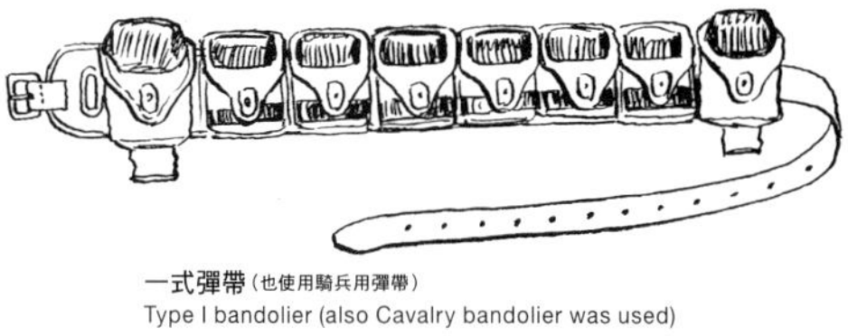

一式彈帶（也使用騎兵用彈帶）
Type 1 bandolier (also Cavalry bandolier was used)

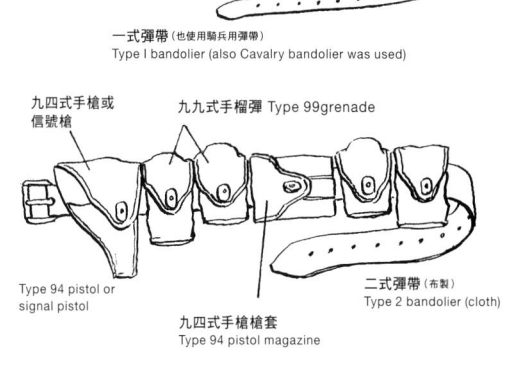

九四式手槍或信號槍
Type 94 pistol or signal pistol

九四式手槍槍套
Type 94 pistol magazine

九九式手榴彈 Type 99 grenade

二式彈帶（布製）
Type 2 bandolier (cloth)

NAVY 1

海軍 1
將校 — 正裝・禮裝・通常禮裝
OFFICER
Full dress
Service dress

明治3年（1870年日本海軍建軍。制定《海軍服制》，規範了軍裝的大框架，並透過《海軍服裝規則》來確定個別裝備品的細節。到了大正3年（1914），海軍改採新制，制定《海軍服裝令》來確立基本的軍裝規範，個別裝備則由《海軍服制》來規範。

據此，士官的軍服區分為正裝、禮裝、通常禮裝、第一種軍裝（冬季用深藍色軍裝），以及第二種軍裝（夏季用白色立領軍裝）。到了昭和10年代初期（具體而言是日華事變前後，海軍特別陸戰隊編成之際），這五種軍服仍在正式場合中依情境穿著。

此外，准士官以上的軍裝需透過水交社等機構自行購買。海軍軍人之所以不同於陸軍軍人——較少使用長靴或綁腿鞋，而是穿著短靴，主要是因為考量到落水時能夠迅速脫下，提高生存機率。

海軍大將正裝
Full dress of Admiral

正帽（佐官）
Full dress cap

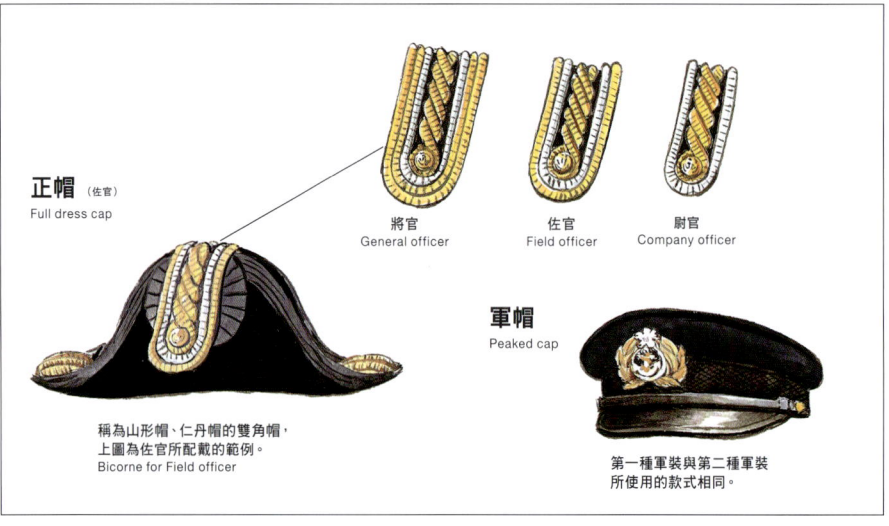

將官 General officer
佐官 Field officer
尉官 Company officer

稱為山形帽、仁丹帽的雙角帽，上圖為佐官所配戴的範例。
Bicorne for Field officer

軍帽
Peaked cap

第一種軍裝與第二種軍裝所使用的款式相同。

海軍正馬裝
Full dress horse
佐官用的款式與陸軍相同。
For Field officer

穿戴正式佩劍腰帶
Full dress sword belt

正衣領章（尉官用）
Full dress collar patch (company officer)

正肩章
Full dress shoulder

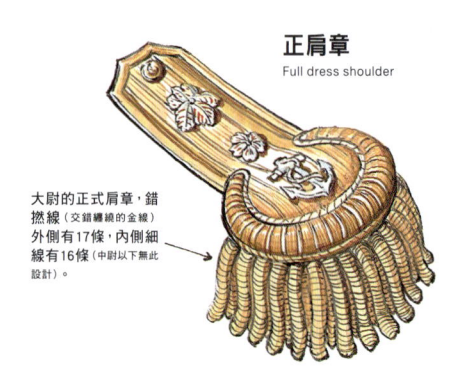

大尉的正式肩章，錯撚線（交錯繩線的金線）外側有17條，內側細線有16條（中尉以下無此設計）。

海軍大佐禮裝
Service dress of Captain

穿著禮服或通常禮服時需佩帶劍帶
Service dress & Naval architect : sword belt

海軍中尉通常禮裝
Standard naval officer's service dress

上圖為造船中尉，其袖章下方繫有識別專業科別的線條。
Naval architect Sub Lieutenant

長劍 Saber

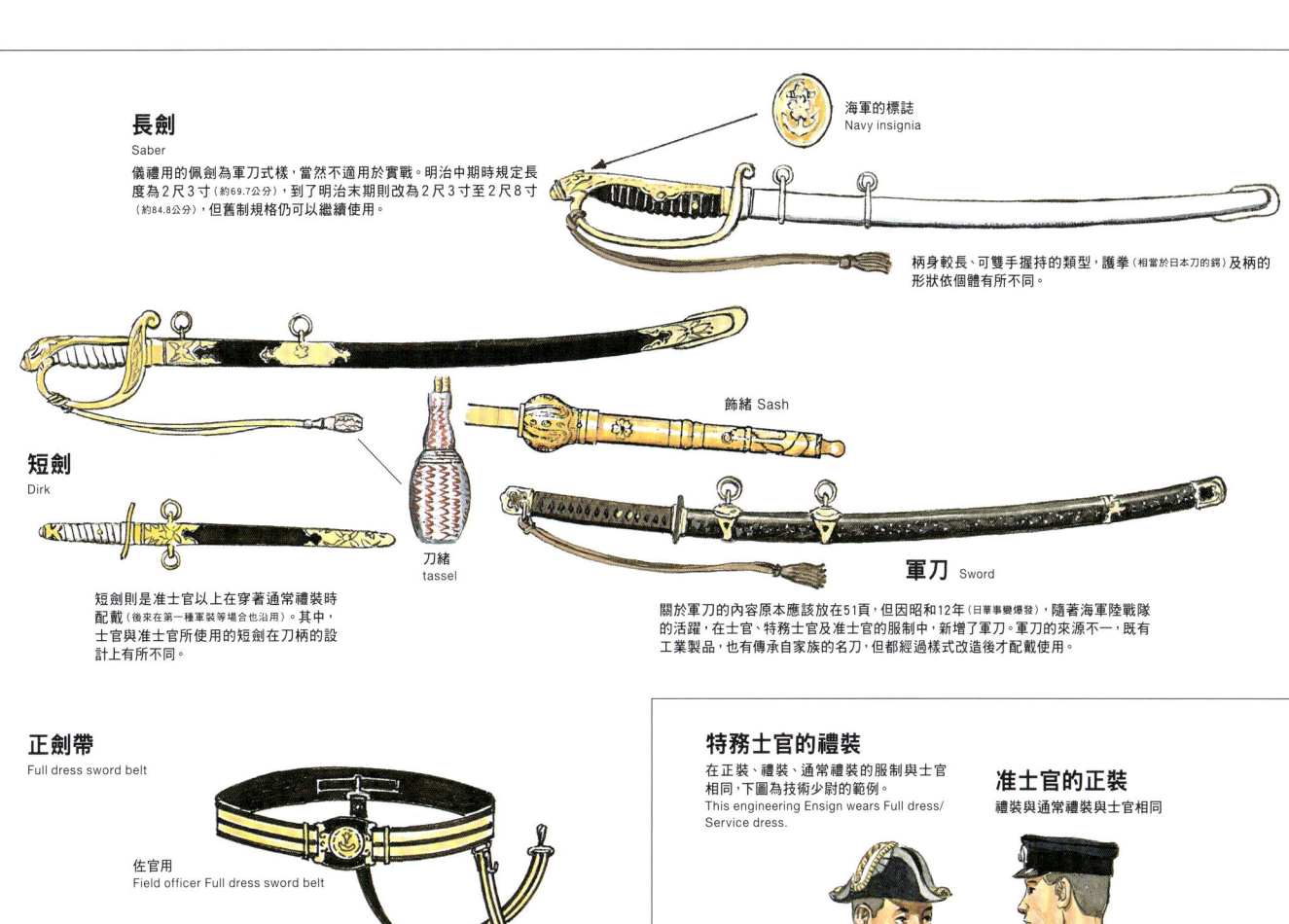

儀禮用的佩劍為軍刀式樣，當然不適用於實戰。明治中期時規定長度為 2 尺 3 寸（約69.7公分），到了明治末期則改為 2 尺 3 寸至 2 尺 8 寸（約84.8公分），但舊制規格仍可以繼續使用。

海軍的標誌 Navy insignia

柄身較長、可雙手握持的類型，護拳（相當於日本刀的鍔）及柄的形狀依個體有所不同。

飾緒 Sash

短劍 Dirk

短劍則是准士官以上在穿著通常禮裝時配戴（後來在第一種軍裝等場合也沿用）。其中，士官與准士官所使用的短劍在刀柄的設計上有所不同。

刀緒 tassel

軍刀 Sword

關於軍刀的內容原本應該放在51頁，但因昭和12年（日華事變爆發），隨著海軍陸戰隊的活躍，在士官、特務士官及准士官的服制中，新增了軍刀。軍刀的來源不一，既有工業製品，也有傳承自家族的名刀，但都經過樣式改造後才配戴使用。

正劍帶 Full dress sword belt

佐官用 Field officer Full dress sword belt

尉官用 Company officer Full dress sword belt

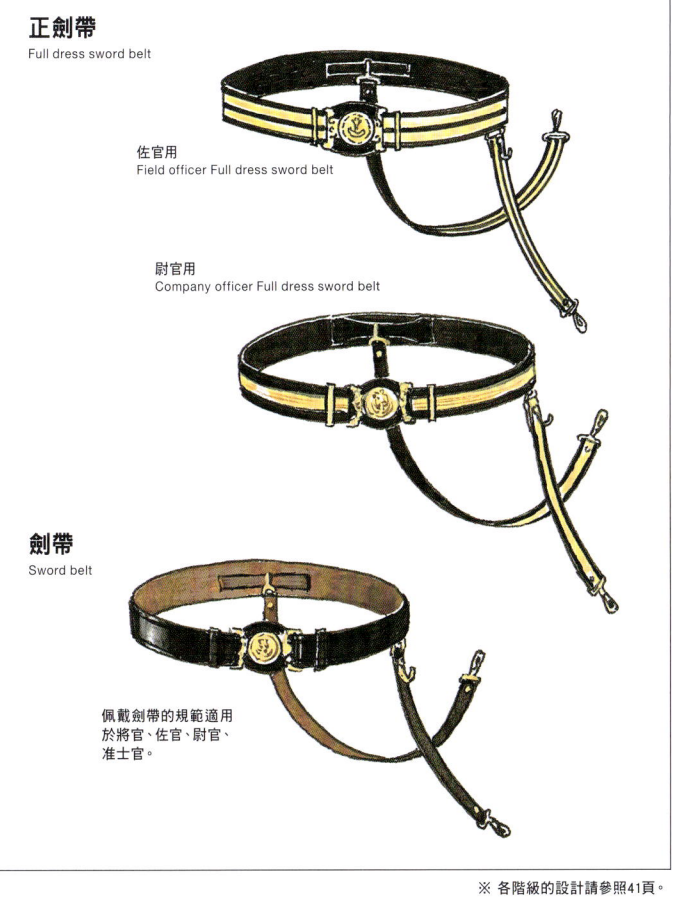

劍帶 Sword belt

佩戴劍帶的規範適用於將官、佐官、尉官、准士官。

※ 各階級的設計請參照41頁。

特務士官的禮裝

在正裝、禮裝、通常禮裝的服制與士官相同，下圖為技術少尉的範例。
This engineering Ensign wears Full dress/Service dress.

准士官的正裝

禮裝與通常禮裝與士官相同

Full/Service dress of warrant officer

袖章 Full dress cuff

各科中尉 Sub Lieutenant

特務少尉 技術少尉的範例：在袖章下方加上一條鳶色（深棕色）細線。 Engineering Ensign

准士官 Warrant officer

識別線 （昭和17年後）
Arm of the service colour (since 1943)

- 主計科 Pay master
- 法務科 Judge advocate
- 軍樂科 Military band
- 技術科 Engineering
- 軍醫科、齒科醫科、藥劑科、看護科 Medical

39

NAVY1

將校─正裝・禮裝・通常禮裝

OFFICER
Full dress
Service dress

海軍士官所穿著的最高級儀禮軍裝稱為「正裝」，根據大正3年（1914）制定的《海軍服裝令》，正裝包括：正帽、正衣、正肩章、正褲、正劍帶、長劍、黑色皮革短靴、白色麻襯袴與麻襟、白色皮革手套。適用於新年參賀、紀元節、天長節、明治節的參賀、遙拜式、拜謁參內、新年宴會、三大節宴會、勳章賜受、觀艦式參列陪觀、觀兵式陪觀、帝國議會開院式陪觀、靖國神社祭典大祭參列、賢所御神樂參列，以及擔任海軍葬禮的喪主等場合。

「禮裝」同樣屬於高級儀禮軍裝，根據《海軍服裝令》的規定，禮裝包括：正帽、禮衣、正肩章、禮褲、劍帶、長劍、黑色皮革短靴、白色麻襯袴與麻襟、白色皮革手套、胴衣、黑色蝴蝶領結（即蝴蝶結）。

適用於接受任官補職辭令書時的宮中拜謁、宮中晚宴、皇族晚宴、三大節的夜會、天皇親臨的式場、勳章授受、外國主要文武官的正式訪問、外國軍艦訪問等場合。

作為一般儀禮用的「通常禮裝」其主要特點在於帽子改為軍帽，佩戴短劍而非長劍，且不佩戴正肩章；其餘服飾大致與禮裝相同。通常禮裝用於宮中午宴、觀菊櫻御園、御座所拜謁、天機伺、任官敘位謝禮、御祝詞參內、天皇巡幸時的奉送迎、皇族午宴、宮中大祓、天皇儀仗、分隊檢閱、就任與退職、首次軍艦旗升揚儀式、軍艦除籍時的降旗儀式、外國文武官與外交使節訪問等場合。

正裝 Full dress

正衣 Full dress tunic

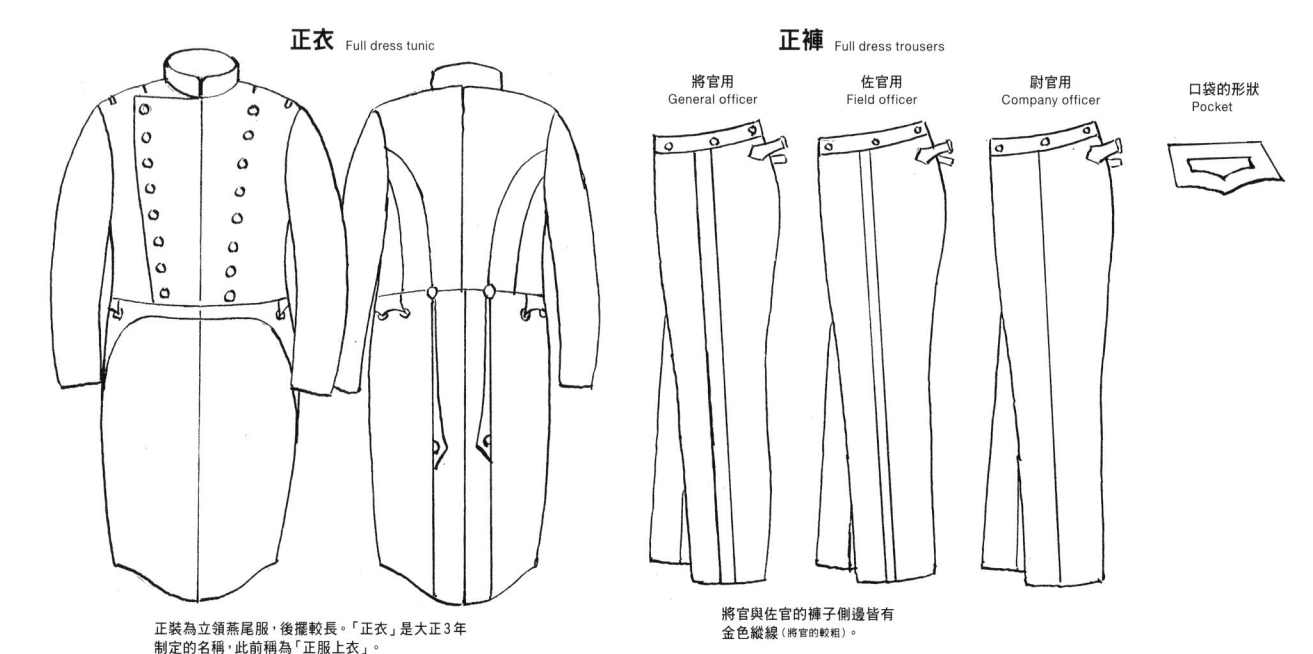

正褲 Full dress trousers

將官用 General officer
佐官用 Field officer
尉官用 Company officer
口袋的形狀 Pocket

正裝為立領燕尾服，後擺較長。「正衣」是大正3年制定的名稱，此前稱為「正服上衣」。

將官與佐官的褲子側邊皆有金色縱線（將官的較粗）。

領章 Collar patch

將官用 General officer
佐官用 Field officer 
尉官用 Company officer 

正裝所使用的領章分為將官、佐官、尉官三種類別，但具體的階級還是透過袖章來區分。

禮裝 & 通常禮裝 Service dress

禮衣 Service tunic
禮褲 Service trousers

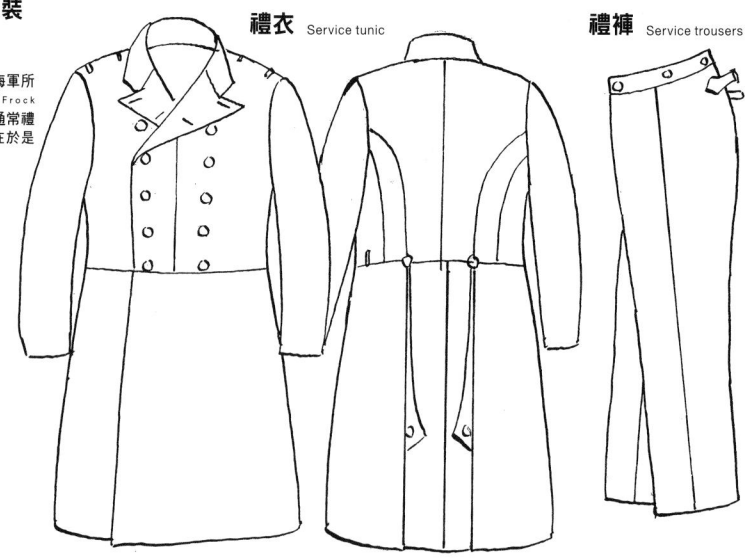

禮衣為類似幕末海軍所使用的長禮服（Frock Coat）。「禮裝」「通常禮裝」的區別主要在於是否佩戴正肩章。

正肩章 Full dress shoulder

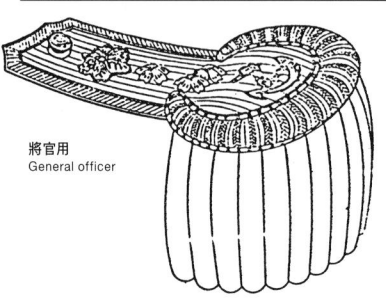

將官用 General officer

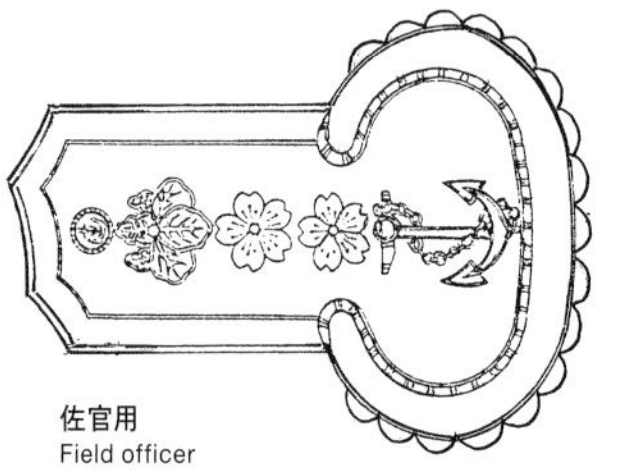

佐官用 Field officer

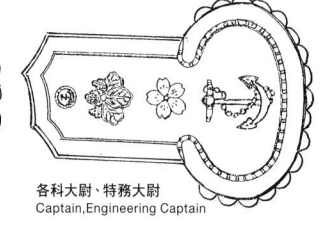

各科大尉、特務大尉 Captain, Engineering Captain

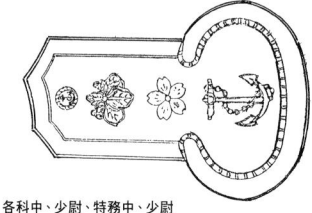

各科中、少尉、特務中、少尉 Lieutenant and 2nd Lieutenant, Engineering Lieutenant and 2nd Lieutenant

「正肩章」是正裝與禮裝所使用的肩章。昭和二年之後的設計如下：

將官：從頭側開始依序為鈕扣、五七桐紋、櫻花（與階級章相同，大將為三朵櫻花、中將為兩朵、少將為一朵）、錨。

佐官：依序為鈕扣、五三桐紋、櫻花（大佐為兩朵、中佐為一朵、少佐無櫻花）、錨。

尉官：大尉與中尉的肩章設計較為簡單，依序為鈕扣、單朵櫻花、錨。其中，大尉的肩章上會加上「總」字標誌。

少尉：最簡單的設計，僅有鈕扣與錨。

40

袖章 Cuff

日本海軍准士官以上，在穿著正裝、禮裝、通常禮裝時，都會在袖口佩戴代表階級的袖章。此制度最初於明治3年(1870)制定，明治16年(1883)全面改制後確立（之後仍有部分追加修訂）。
正裝、禮裝：深藍底色，搭配金色金蔥飾帶（gold braid）。
通常禮裝、第一種軍裝：深藍底色，搭配黑色金蔥飾帶。
第二種軍裝（白色立領夏季軍裝）：不設袖章，僅配戴肩章來識別階級。

明治時代，兵科士官以外的軍官會在金蔥飾帶之間加入各軍科的識別色。到了太平洋戰爭期間，識別色則改為在袖章最下方一道絲線的下緣處縫上一條彩色細線（詳見39頁）。

※ 金蔥飾帶的寬度分為粗線、中線、細線，袖口至最下方金線的距離約2寸（約6公分）。

將官 Flag officer
- 大將 Admiral
- 各科中將 Vice Admiral
- 各科少將 Rear Admiral

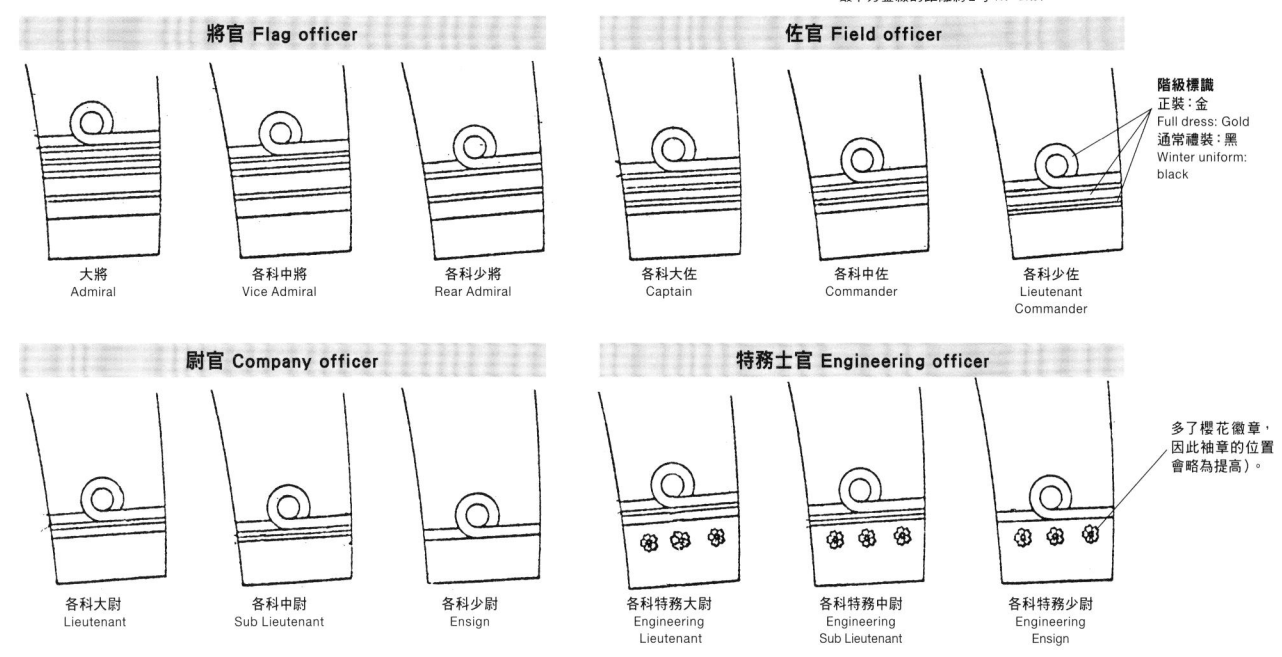

佐官 Field officer
- 各科大佐 Captain
- 各科中佐 Commander
- 各科少佐 Lieutenant Commander

階級標識
正裝：金 Full dress: Gold
通常禮裝：黑 Winter uniform: black

尉官 Company officer
- 各科大尉 Lieutenant
- 各科中尉 Sub Lieutenant
- 各科少尉 Ensign

特務士官 Engineering officer
- 各科特務大尉 Engineering Lieutenant
- 各科特務中尉 Engineering Sub Lieutenant
- 各科特務少尉 Engineering Ensign

多了櫻花徽章，因此袖章的位置會略為提高）。

准士官 Warrant officer
- 兵曹長 Warrant officer
- 各科兵曹長 wear unique designator line that denotes their occupational specialty

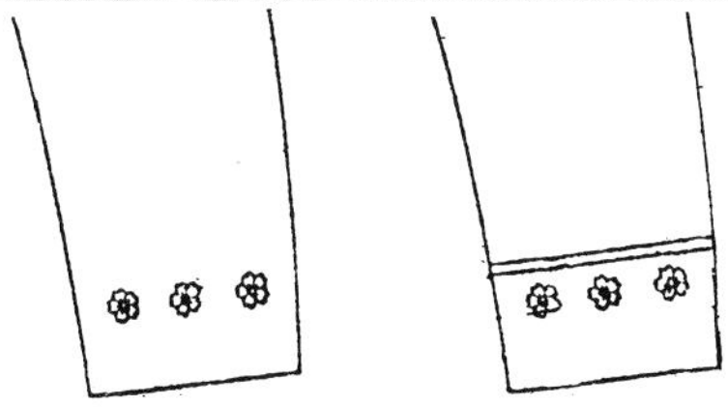

特務士官是由士兵晉升為下士官、再經歷特務士官階段，最終成為士官的人員。若將出身於海軍兵學校的人視為「綜合職」，那麼特務士官就是經多年現場經驗培養出的「技能職」（雖然出身於兵校，但在晉升後也會專攻砲術、水雷、航海等領域）。這是日本海軍所獨有的制度（在日本陸軍及其他國家並無類似制度）。因此，日本海軍特在其階級名稱加上「特務」二字，以示區別。此外，在特務士官的肩章與袖章上也繡有三枚櫻花徽章，以作識別。「特務」的稱呼於昭和17年機關科的名稱廢止時也一併取消，但特務士官在海軍內部的地位與待遇也始終略遜於正規士官，直至最後仍帶有明顯的階級差異。

非海軍兵學校出身者的識別線區分
昭和17年改正前　Arm of the service colour ~1942

士官	特務士官／准士官	識別線的色
	航空科	青
機關科	機關科	紫
整備科	整備科	綠
軍醫科	看護科	紅
藥劑科	看護科	紅
主計科	主計科	白
造船科		鳶
造機科		鳶（淡紫）
造兵科		棕
水路科		青
	軍樂科	藍

昭和17年起，機關科的名稱被廢除（如「機關大尉」改稱「大尉」），造船、造機、造兵士官則統合為技術士官，識別線統一成為鳶色。

各科少尉的範例 Ensign 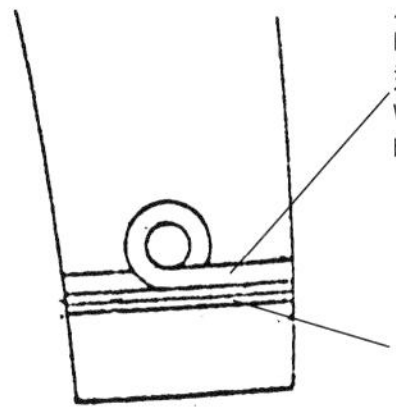
階級標識
正裝：金 Full dress: Gold
通常禮裝：黑 Winter uniform: black
各科識別線 Arm of the service colour
wear unique designator line that denotes their occupational specialty
※ 領章（第一種軍裝）、肩章（第二種軍裝）詳見44頁。

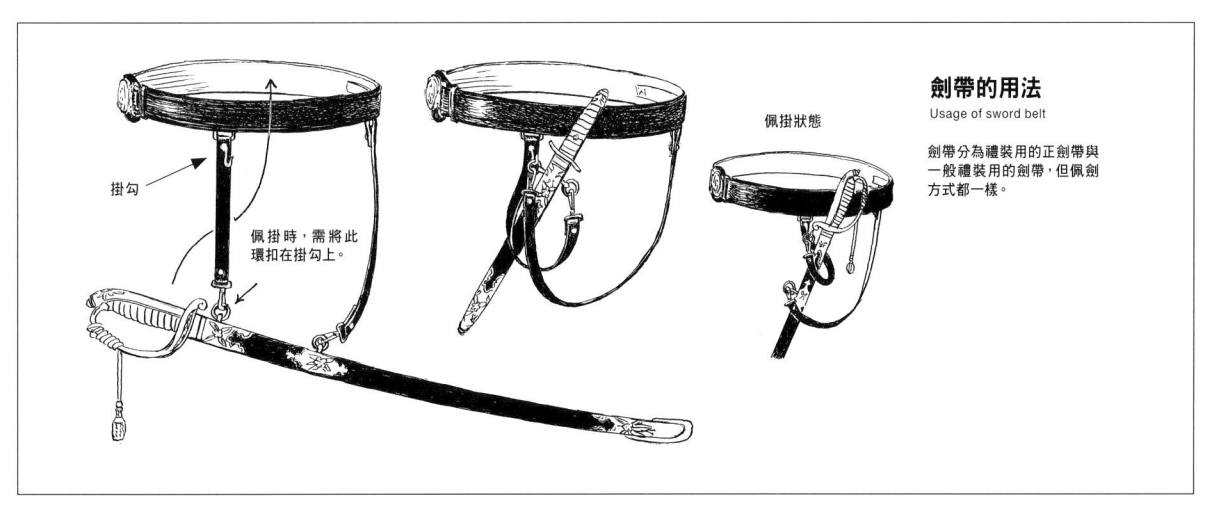

劍帶的用法 Usage of sword belt

- 掛勾
- 佩掛時，需將此環扣在掛勾上。
- 佩掛狀態

劍帶分為禮裝用的正劍帶與一般禮裝用的劍帶，但佩劍方式都一樣。

41

NAVY2

海軍 2
將校 — 軍服・外套・雨衣
OFFICER dress, great coat, rain coat.

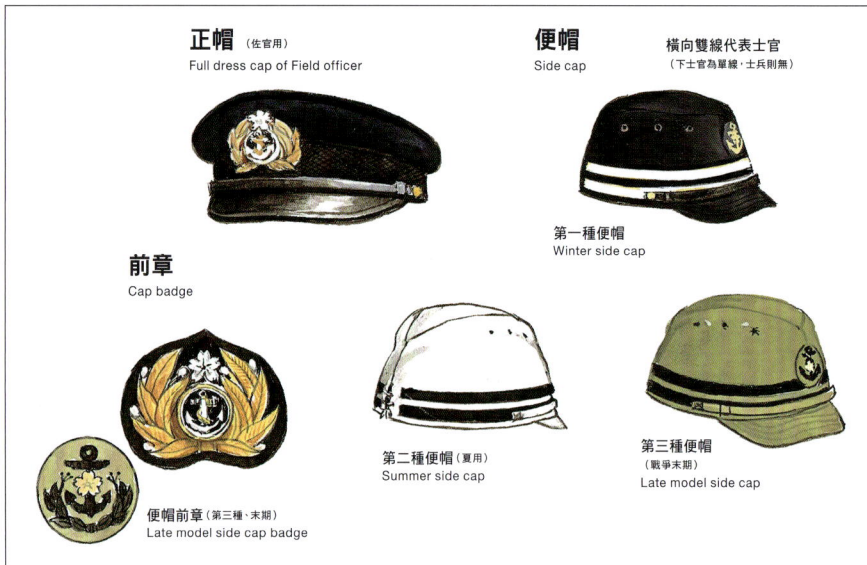

正帽（佐官用）
Full dress cap of Field officer

便帽
Side cap

横向雙線代表士官
（下士官為單線，士兵則無）

第一種便帽
Winter side cap

前章
Cap badge

第二種便帽（夏用）
Summer side cap

第三種便帽（戰爭末期）
Late model side cap

便帽前章（第三種・末期）
Late model side cap badge

第一種軍裝（冬用）
These Vice Admiral and Commander wear Winter uniform.

軍裝中的中將（左）與少佐（右）
雙筒望遠鏡的繩帶顏色：
將官：黃色
佐官：紅色
尉官：藍色

The colours strap of binocular indicates the ranks Flag officer- Yellow, Field officer-Red, Company officer-Blue

第二種軍裝（夏用）
中尉（左）與少佐（右）
夏季時，會在軍帽上加掛白色遮陽布
Summer uniform of Sub Lieutenant and Commander. They wear the caps with white covers.

第三種軍裝（戰爭末期的制服）
此款軍服參考了陸戰服的樣式，雖然制定於昭和19年，但早在日華事變時期，就已將陸戰服稱為「第三種軍裝」。右圖為少佐的範例。在海軍航空隊中的常見穿法是將褲管塞入半長靴（飛行靴）內，以適應飛行時的需求。
This Commander wear Late model uniform.

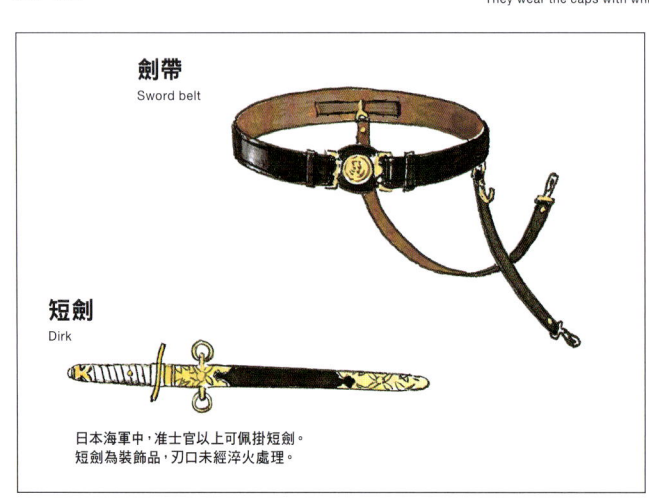

劍帶
Sword belt

短劍
Dirk

日本海軍中，准士官以上可佩掛短劍。
短劍為裝飾品，刃口未經淬火處理。

領章
Collar patch

各科中尉
Sub Lieutenant

特務（技術）中尉
Engineering Sub Lieutenant

第一種軍裝與第三種軍裝均使用

肩章
Shoulder strap

第二種軍裝用

特務士官與非兵科士官的袖章會在金線兩側加上代表科別的識別線，以區分所屬專業。

42

二重外套 雨衣上的領章（將官）
Mantlet and rain coat collar patch (Flag officer)

身著二重外套的將官
此款外套無袖
This Flag officer wears a mantlet.

身著第一種雨衣的尉官
材質為深藍色橡膠布或深藍色斜紋呢布
This company officer wears a winter rain coat.

昭和19年後的領章
Collar patch since 1944

穿著外套的少尉
This Ensign wears a great coat.

身著第二種雨衣的佐官
This Field officer wears a summer rain coat.

海軍兵學校・海軍機關學校・海軍經理學校學生＆少尉候補生
Navy officer school student & midshipman

少尉候補生的軍衣
Service dress of Midshipman

領章與准士官（兵曹長）相同

這是將較短的「三校」學生軍衣直接改為少尉候補生軍服的例子。僅將肩章與領章換成少尉候補生的樣式（有時也會用士官軍裝進行修改）。

技術科士官候補生的禮衣褲
袖章下方加繡兵科識別線。
昭和17年起改稱見習尉官，制服亦改為標準軍衣。
Full dress of Midshipman, there is the arms of service colour under the cuff insignia

少尉候補生的夏衣
Summer dress of Midshipman

海軍兵學校、海軍機關學校、海軍經理學校，統稱為「三校」（也稱海軍三校），負責培育兵科、機關科與主計科士官。三校學生的制服設計比照士官軍裝，但在昭和9年改為短版上衣，並在腰間佩掛短劍，因而廣受好評。夏季制服採用七顆鈕扣的設計。

三校學生的身分介於准士官（兵曹長）與下士官之間，領章上繡有錨形標誌，並佩戴代表年級的Ⅰ、Ⅱ、Ⅲ、Ⅳ徽章，分別對應最上級生（1號）至最下級生（4號）。穿著夏季制服時，則配戴與准士官相同的肩章。

昭和10年代初，三校學生修完四年課程後畢業，晉升為少尉候補生。畢業生會集中，編成練習艦隊，先進行內海巡航，隨後展開遠洋航行。少尉候補生的身分介於少尉與准士官之間。

在短期現役士官中，以經理學校補修學生最為知名，還有軍醫科、牙科醫科、藥劑科、技術科、法務科等專業（昭和17年起改稱「見習尉官」），所穿的制服與海軍學生類似，佩戴袖章與肩章。正式軍衣的袖章為金色，下方繡有各兵科的識別線。

Midshipman (Royal Navy) = Cadet (U.S.Navy)

43

NAVY2

將校 — 軍服・外套・雨衣

OFFICER
dress, great coat, rain coat.

第一種軍裝以袖章來表示階級，但由於深藍底上的黑線不易辨識，於是在大正8年增設了領章。

大正9年以前尚無「特務士官」的稱呼，當時稱為「兵曹長」，相當於少尉；上等兵曹則為准士官。

大正9年1月，將兵曹長細分為：特務大尉、特務中尉、特務少尉三個階級。將原本的上等兵曹改稱兵曹長，成為准士官（上等兵曹於昭和17年再度出現，作為「一等兵曹」的改稱）。

軍衣領章 Collar patch

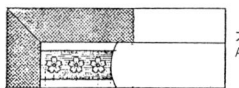

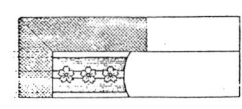

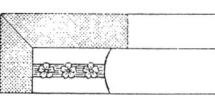

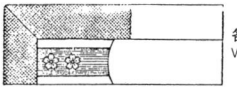

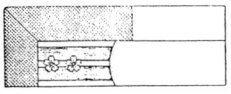

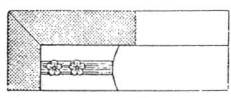

- 大將 Admiral
- 各科中將 Vice Admiral
- 各科少將 Rear Admiral
- 各科大佐 Captain
- 各科中佐 Commander
- 各科少佐 Lieutenant Commander
- 各科大尉 Lieutenant
- 各科中尉 Sub Lieutenant
- 各科少尉 Ensign
- 准士官 Warrant officer

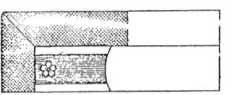

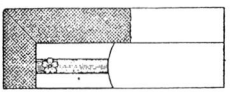

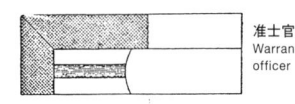

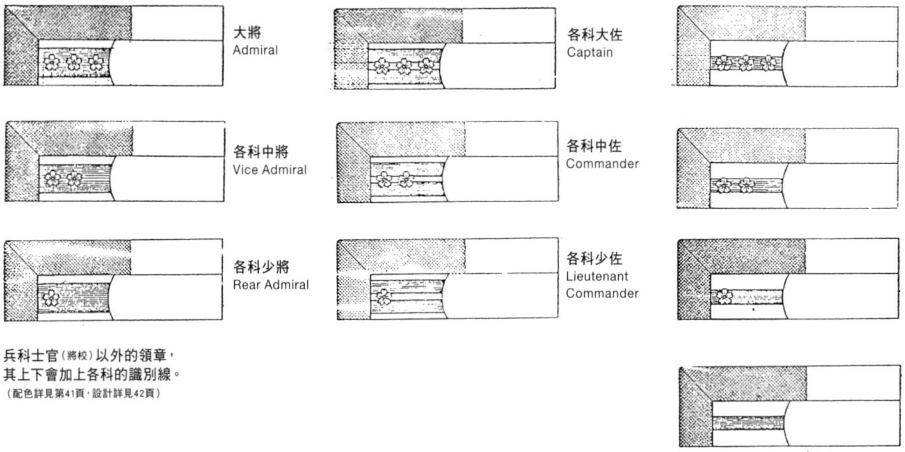

兵科士官（將校）以外的領章，其上下會加上各科的識別線。
（配色詳見第41頁，設計見42頁）

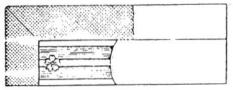

肩章 Shoulder strap

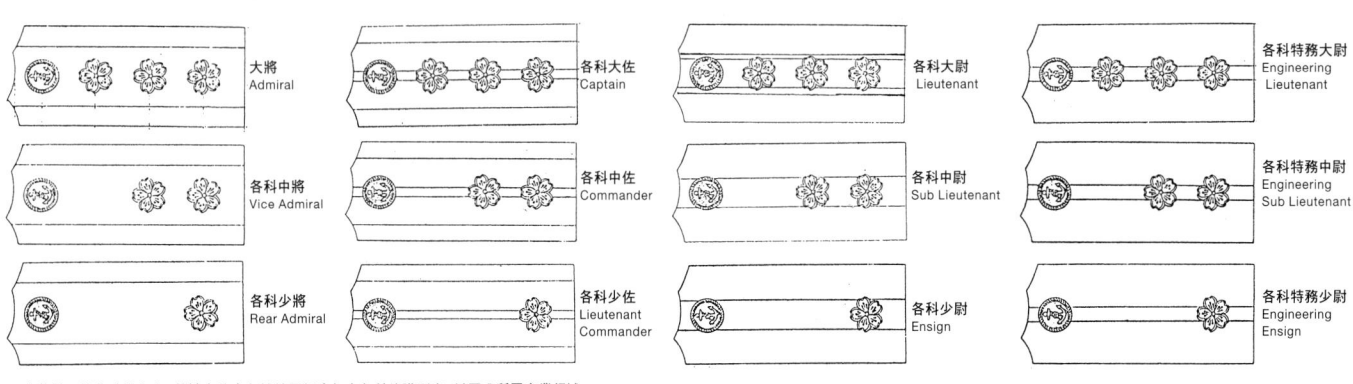

- 大將 Admiral
- 各科中將 Vice Admiral
- 各科少將 Rear Admiral
- 各科大佐 Captain
- 各科中佐 Commander
- 各科少佐 Lieutenant Commander
- 各科大尉 Lieutenant
- 各科中尉 Sub Lieutenant
- 各科少尉 Ensign
- 各科特務大尉 Engineering Lieutenant
- 各科特務中尉 Engineering Sub Lieutenant
- 各科特務少尉 Engineering Ensign

中將以下的非兵科士官，其袖章的金色絲線兩側會加上各科的識別章，以區分所屬專業領域。

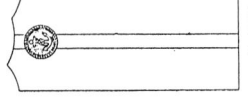

特務士官與准士官所使用的金線較窄，而非兵科人員則在兩側加上各科的識別線。

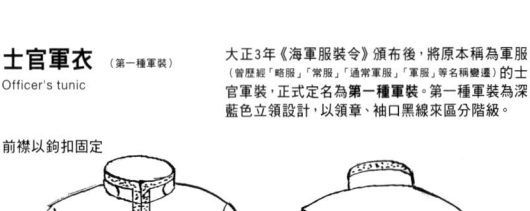

准士官 Warrant officer

兵科士官（將校）以外的肩章，其上下會加上各科識別線。
（配色詳見41頁，樣式詳見42頁）

士官軍衣（第一種軍裝）
Officer's tunic

大正3年《海軍服裝令》頒布後，將原本稱為軍服（曾歷經「略服」、「常服」、「通常常服」、「軍服」等名稱變遷）的士官軍裝，正式定名為第一種軍裝。第一種軍裝為深藍色立領設計，以領章、袖口黑線來區分階級。

前襟以鉤扣固定

士官夏衣（第二種軍裝）
Summer tunic

第二種軍裝為夏季士官服。上衣與下士官相同，為白色立領，但布料較高級，前襟以鈕扣固定，肩章上有階級章。

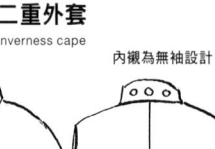

胴衣 Vest

軍褲 Naval trousers

外套 Great coat

夏褲 Summer trousers

二重外套 Inverness cape

附有風帽 with hood

內襯為無袖設計

雨衣 (第一種)
Winter rain coat

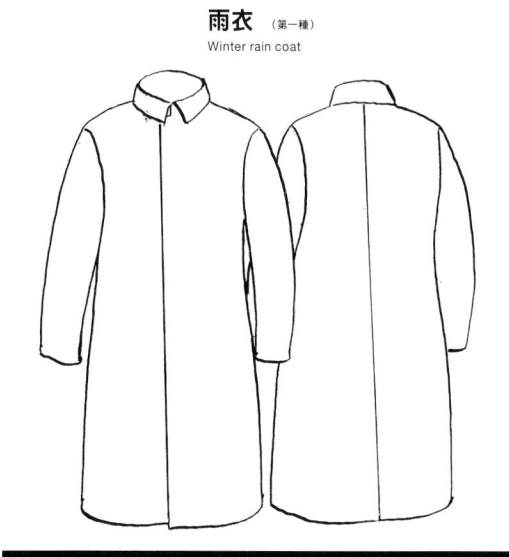

雨衣 (第二種)
Summer rain coat

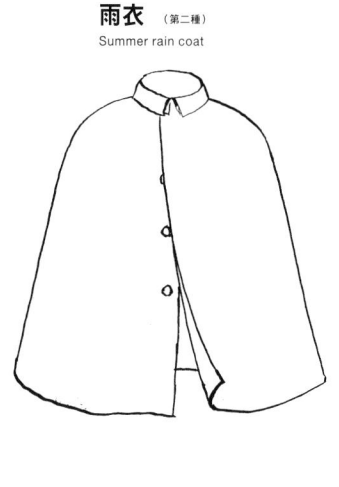

海軍兵學校 Navy officer school

肩章 Shoulder strap

少尉候補生 midshipman
金 Gold
與兵曹長相同

學生 Student
金 Gold

成績優異的學生會佩戴櫻花章
Cherry blossom badge for good marks

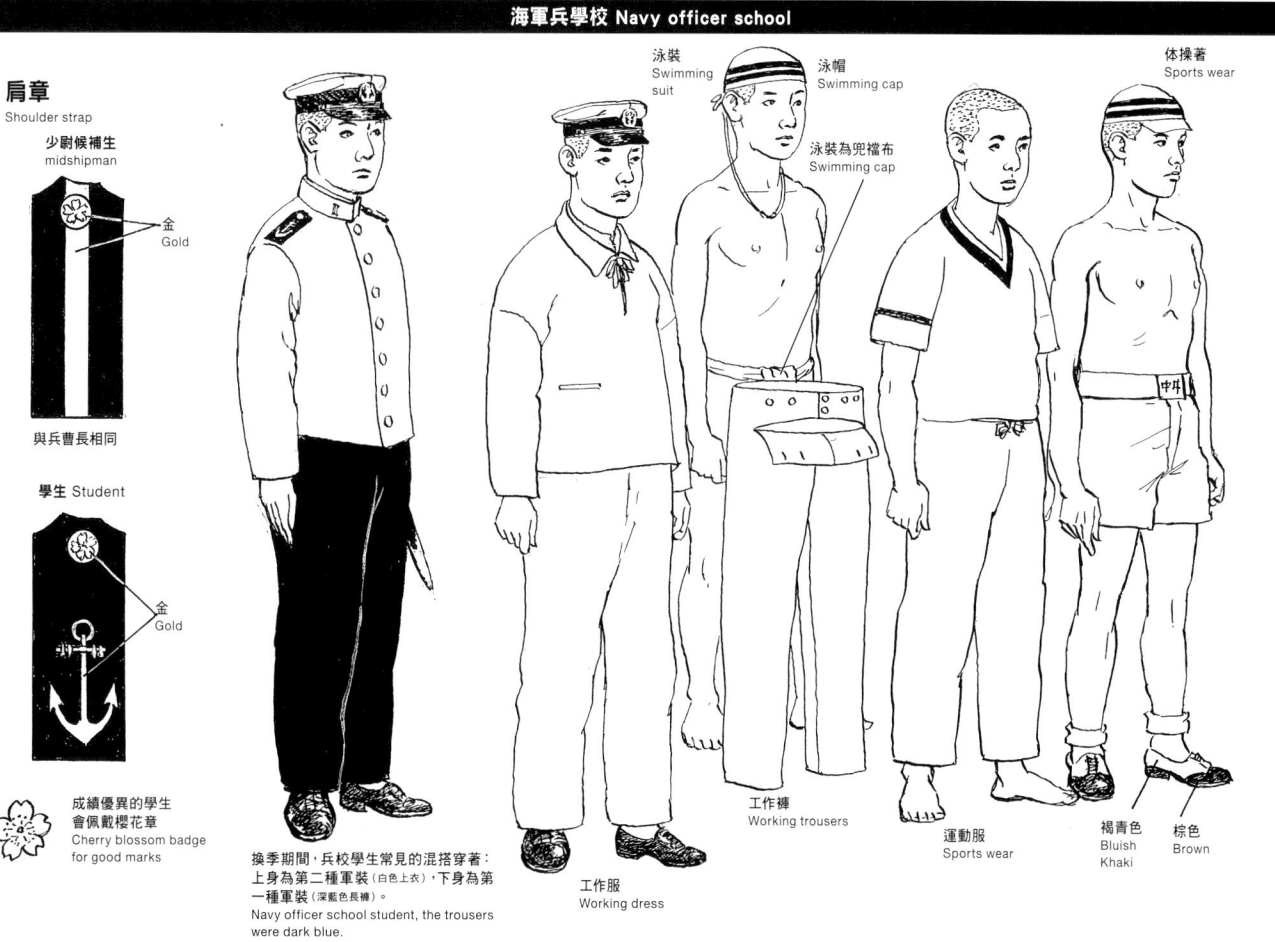

泳裝 Swimming suit
泳帽 Swimming cap
泳裝為兜襠布 Swimming cap
体操著 Sports wear

工作褲 Working trousers
運動服 Sports wear
褐青色 Bluish Khaki
棕色 Brown

工作服 Working dress

換季期間，兵校學生常見的混搭穿著；上身為第二種軍裝（白色上衣），下身為第一種軍裝（深藍色長褲）。
Navy officer school student, the trousers were dark blue.

帽前章 Cap badge

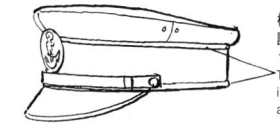

機關學校與經理學校的識別線（紫、白色），昭和17年後廢止。
The violet and white line indicates engineer and accountant school

兵校學生便帽上的前章
Student side cap badge

起初，海軍兵學校學生與少尉候補生（兵學校畢業生）的制服與士官相同，唯一差別是士官的軍裝對應為候補生的「學生禮衣」。昭和9年改為短版夾克，並透過袖線與肩章（夏季軍裝）來區分二者。禮衣的袖線為金色，軍衣則為黑色。昭和15年，少尉候補生的制服再次改回士官的樣式，但保留候補生專屬的袖線與領章（夏季制服），預備學生亦適用此規定。至於軍帽部分，候補生和學生所配戴的都與士官相同，材質也一樣，唯一的區別在於前章的錨為金線刺繡（改制後，候補生的前章也與士官完全一樣）。

領章 學年章（1號～4號學生）
Collar patch, school year badge (first fourth year grade student)

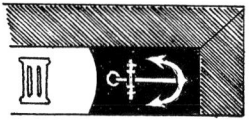

袖章 Shoulder strap

少尉候補生 midshipman
學生 Student
金 Gold
深藍 dark blue
識別線（紫·白）
識別線（紫·白）

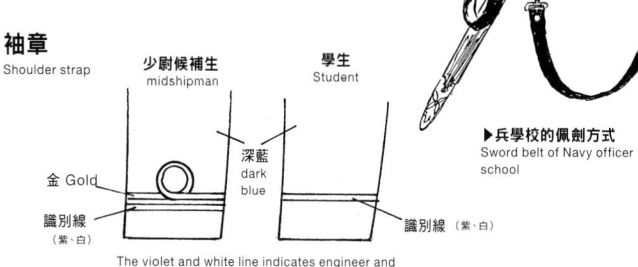

The violet and white line indicates engineer and accountant school.

▶兵學校的佩劍方式
Sword belt of Navy officer school

NAVY3

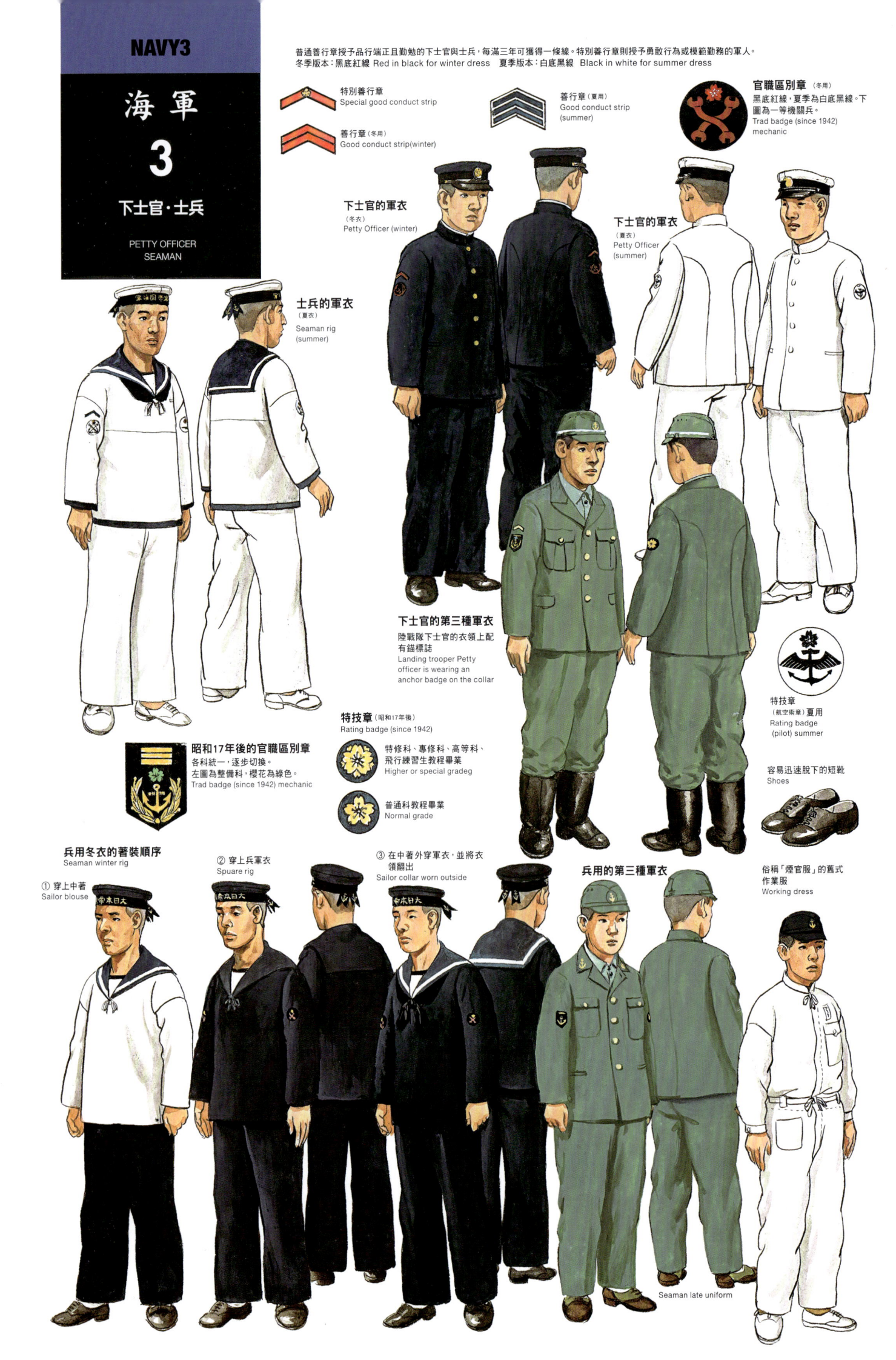

海軍 3
下士官・士兵
PETTY OFFICER SEAMAN

普通善行章授予品行端正且勤勉的下士官與士兵，每滿三年可獲得一條線。特別善行章則授予勇敢行為或模範勤務的軍人。
冬季版本：黑底紅線 Red in black for winter dress　夏季版本：白底黑線 Black in white for summer dress

特別善行章 Special good conduct strip
善行章（冬用）Good conduct strip(winter)
善行章（夏用）Good conduct strip (summer)

官職區別章（冬用）
黑底紅線，夏季為白底黑線。下圖為一等機關兵。
Trad badge (since 1942) mechanic

下士官的軍衣（冬衣）Petty Officer (winter)

下士官的軍衣（夏衣）Petty Officer (summer)

士兵的軍衣（夏衣）Seaman rig (summer)

昭和17年後的官職區別章
各科統一，逐步切換。
左圖為整備科，櫻花為綠色。
Trad badge (since 1942) mechanic

下士官的第三種軍衣
陸戰隊下士官的衣領上配有錨標誌
Landing trooper Petty officer is wearing an anchor badge on the collar

特技章（昭和17年後）Rating badge (since 1942)
特修科、專修科、高等科、飛行練習生教程畢業 Higher or special gradeg
普通科教程畢業 Normal grade

特技章（航空術章）夏用 Rating badge (pilot) summer

容易迅速脫下的短靴 Shoes

兵用冬衣的著裝順序 Seaman winter rig
① 穿上中著 Sailor blouse
② 穿上兵軍衣 Spuare rig
③ 在中著外穿軍衣，並將衣領翻出 Sailor collar worn outside

兵用的第三種軍衣
Seaman late uniform

俗稱「煙官服」的舊式作業服 Working dress

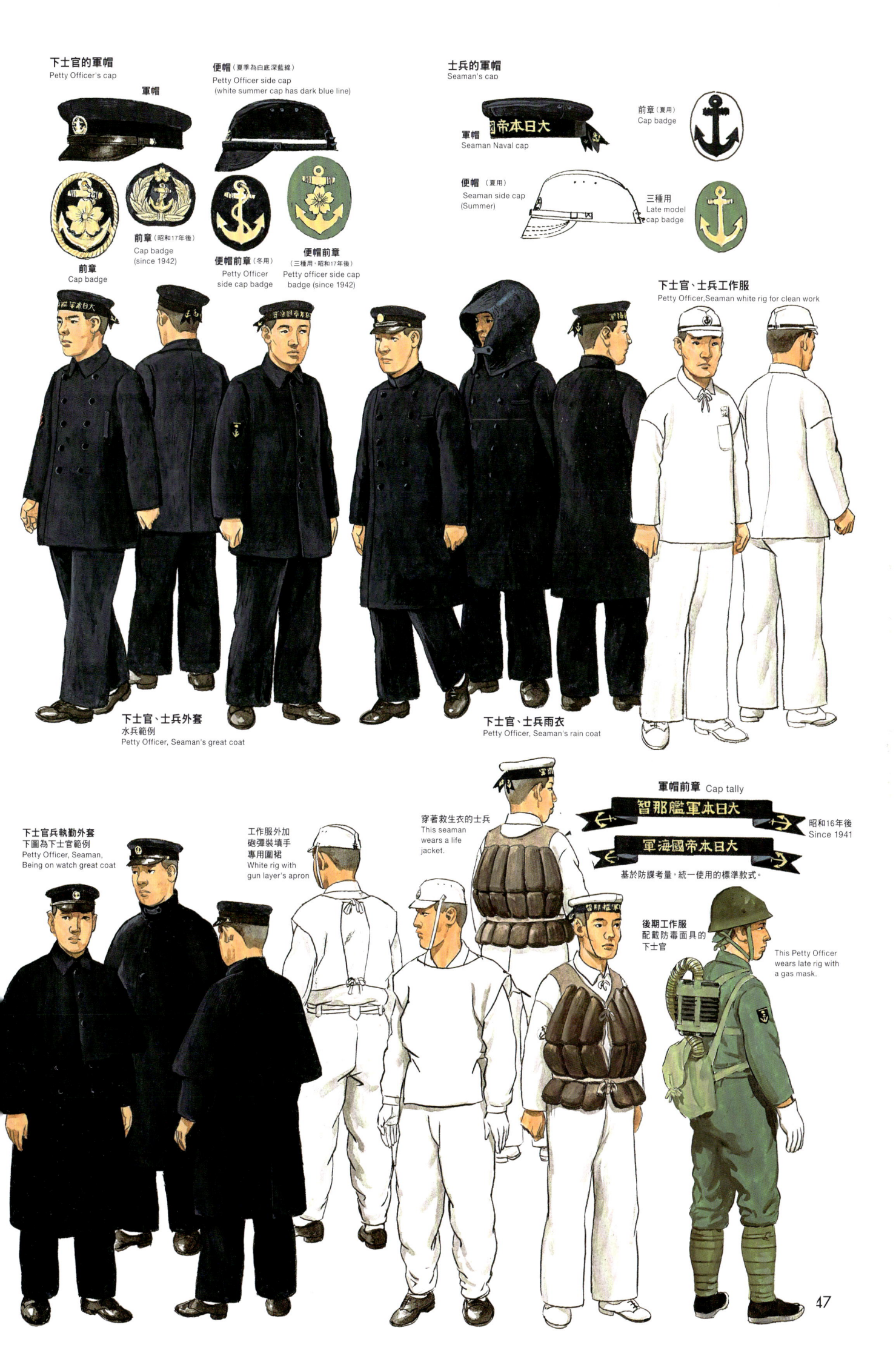

下士官的軍帽
Petty Officer's cap

軍帽
Petty Officer side cap
(white summer cap has dark blue line)

便帽（夏季為白底深藍線）

前章 Cap badge

前章（昭和17年後）
Cap badge (since 1942)

便帽前章（冬用）
Petty Officer side cap badge

便帽前章（三種用，昭和17年後）
Petty officer side cap badge (since 1942)

士兵的軍帽
Seaman's cap

軍帽 Seaman Naval cap

便帽（夏用）
Seaman side cap (Summer)

前章（夏用） Cap badge

三種用 Late model cap badge

下士官、士兵工作服
Petty Officer, Seaman white rig for clean work

下士官、士兵外套
水兵範例
Petty Officer, Seaman's great coat

下士官、士兵雨衣
Petty Officer, Seaman's rain coat

下士官兵執勤外套
下圖為下士官範例
Petty Officer, Seaman, Being on watch great coat

工作服外加砲彈裝填手專用圍裙
White rig with gun layer's apron

穿著救生衣的士兵
This seaman wears a life jacket.

軍帽前章 Cap tally

昭和16年後
Since 1941

基於防諜考量，統一使用的標準款式。

後期工作服配戴防毒面具的下士官
This Petty Officer wears late rig with a gas mask.

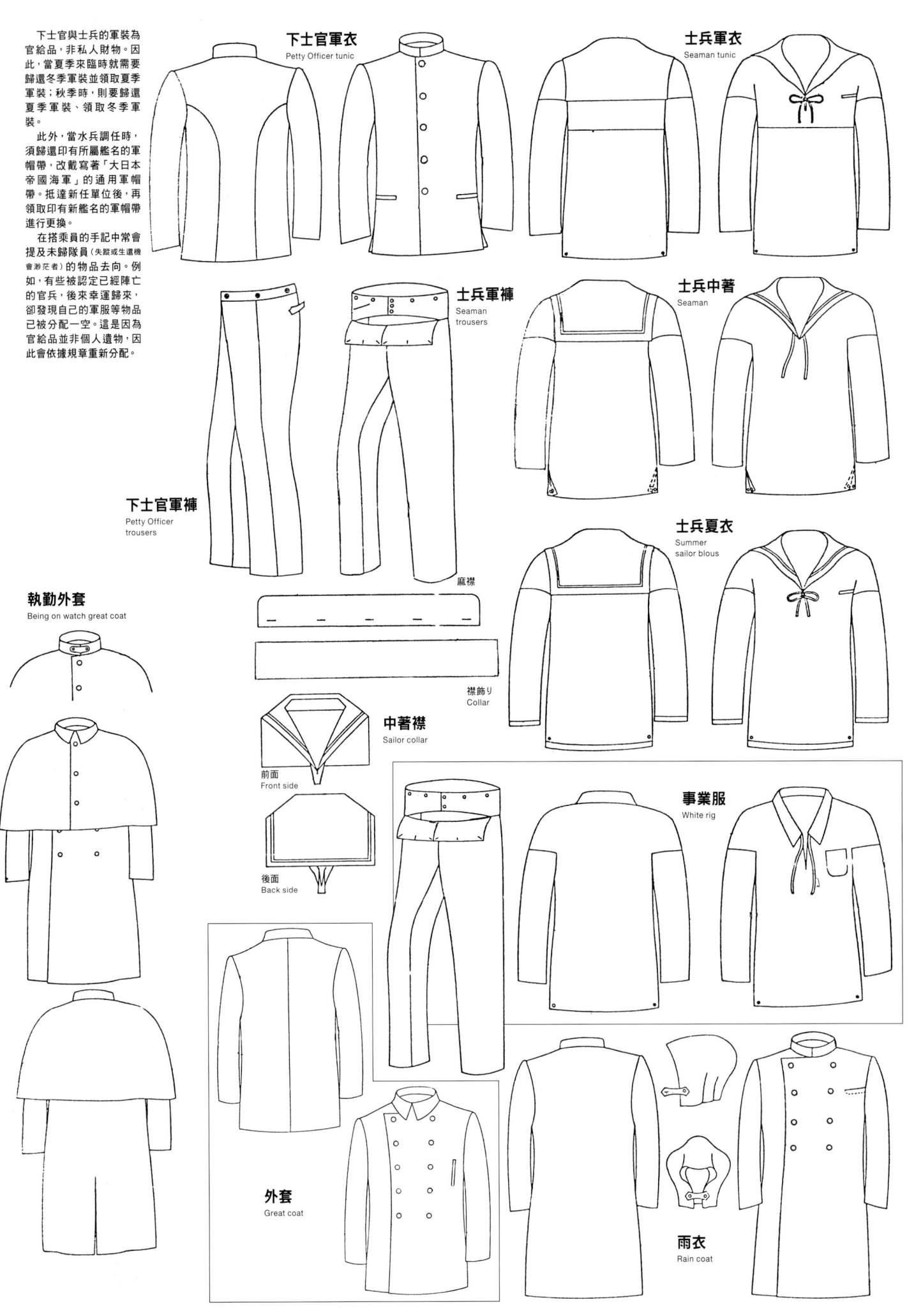

下士官與士兵的軍裝為官給品，非私人財物。因此，當夏季來臨時就需要歸還冬季軍裝並領取夏季軍裝；秋季時，則要歸還夏季軍裝、領取冬季軍裝。

此外，當水兵調任時，須歸還印有所屬艦名的軍帽帶，改戴寫著「大日本帝國海軍」的通用軍帽帶。抵達新任單位後，再領取印有新艦名的軍帽帶進行更換。

在搭乘員的手記中常會提及未歸隊員（失蹤或生還機會渺茫者）的物品去向。例如，有些被認定已經陣亡的官兵，後來幸運歸來，卻發現自己的軍服等物品已被分配一空。這是因為官給品並非個人遺物，因此會依據規章重新分配。

下士官軍衣 Petty Officer tunic

士兵軍衣 Seaman tunic

士兵軍褲 Seaman trousers

士兵中著 Seaman

下士官軍褲 Petty Officer trousers

士兵夏衣 Summer sailor blous

麻襟

襟飾り Collar

執勤外套 Being on watch great coat

中著襟 Sailor collar

前面 Front side

後面 Back side

事業服 White rig

外套 Great coat

雨衣 Rain coat

48

官職區別章（階級章） Trade badge

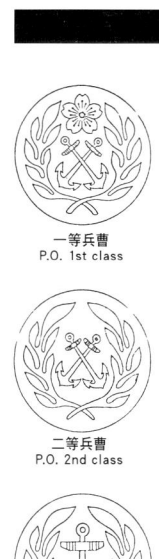

一等兵曹 P.O. 1st class	一等飛行兵曹 A.P.O. 1st class	一等機關兵曹 E.P.O. 1st class	一等衛生兵曹 M.P.O. 1st class	一等軍樂兵曹 Musician 1st class	一等主計兵曹 Pay P.O. 1st class	上等兵曹 Chief P.O.
二等兵曹 P.O. 2nd class	二等飛行兵曹 A.P.O. 2nd class	二等機關兵曹 E.P.O. 2nd class	二等衛生兵曹 M.P.O. 2nd class	二等軍樂兵曹 Musician 2nd class	二等主計兵曹 Pay P.O. 2nd class	一等兵曹 P.O. 1st class
三等兵曹 P.O. 3rd class	三等飛行兵曹 A.P.O. 3rd class	三等機關兵曹 E.P.O. 3rd class	三等衛生兵曹 M.P.O. 3rd class	三等軍樂兵曹 Musician 3rd class	三等主計兵曹 Pay P.O. 3rd class	二等兵曹 P.O. 2nd class
一等水兵 L.S. 1st class	一等飛行兵 Aviation 1st class	一等機關兵 Engineer 1st class	一等衛生兵 Medical 1st class	一等軍樂兵 Military band 1st class	一等主計兵 Pay 1st class	水兵長 L.S. 1st class
二等水兵 L.S. 2nd class	二等飛行兵 Aviation 2nd class	二等機關兵 Engineer 2nd class	二等衛生兵 Medical 2nd class	二等軍樂兵 Military band 2nd class	二等主計兵 Pay 2nd class	上等水兵 L.S. 2nd class
三等水兵 L.S. 3rd class	三等飛行兵 Aviation 3rd class	三等機關兵 Engineer 3rd class	三等衛生兵 Medical 3rd class	三等軍樂兵 Military band 3rd class	三等主計兵 Pay 3rd class	

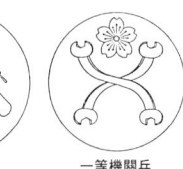

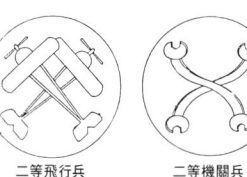

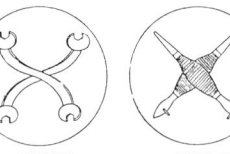

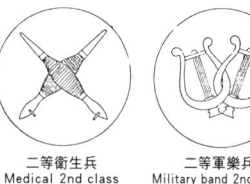

昭和17年後 1942～

昭和17年11月，下士官兵的階級稱呼發生變更：一等兵曹改稱上等兵曹，一等水兵改稱為水兵長。階級章的設計也統一改為五角形，並以識別章（櫻花）的顏色來區分各科別。

各科識別章 Arms of service colour badge (cloisonne)

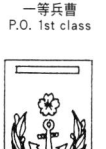

各科識別色 Arms of service colour
- 水兵科：黃　Sailor=Yellow
- 飛行科：青　Air man=Blue
- 整備科：綠　Ground crew=Green
- 機關科：紫　Engineer=Violet
- 工作科：淡紫　Mechanic=Light Purple
- 軍樂科：藍　Military band = Dark blue
- 看護科：紅　Medical=Red
- 主計科：白　Pay=White
- 技術科：棕　Constrution =Brown

※ 昭和16年6月1日，航空兵曹與航空兵改稱飛行兵曹與飛行兵。

P.O. = Petty Officer
A.P.O = Aviation Petty Officer
E.P.O = Engineer Petty Officer
M.P.O =Medical Petty Officer
L.S. =Leading Seaman

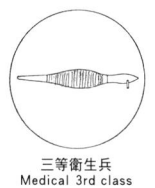

一等水兵 Able Seaman — 金 Gold / 各科識別色 Arms of service colour / 金 Gold

二等水兵 (昭和19年制定) Seaman cuff rank badge since 1944

※ 剛加入海兵團的四等兵不佩戴階級章，俗稱「烏鴉」。完成新兵訓練後，則晉升為各科三等兵。

特技章 Rating badge

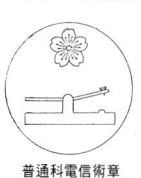

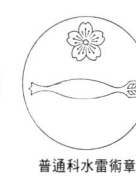

普通科運用術章 Navigation	高等科信號術章 Senior Signal	普通科信號術章 Signal	高等科電信術章 Senior Radio	普通科電信術章 Radio	高等科水雷術章 Senior Torpedo	普通科水雷術章 Torpedo	高等科砲術章 Senior Gunnery	普通科砲術章 Gunnery
高等科測的術章 Senior Observation	高等科機關術章 Senior Engineer	普通科機關術章 Engineer	高等科電機術章 Senior Electric	普通科電機術章 Electric	高等科整備術章 Senior Ground crew	普通科整備術章 Ground crew	高等科經理術章 Senior Pay	普通科經理術章 Pay
高等科工作術章 Senior Mechanic	特修科工作術章 High Mechanic	高等科看護術章 Senior Nursing	普通科看護術章 Nursing	特修科軍樂術章 High Military band	普通科衣糧術章 Supply	航空術章 Aviation		

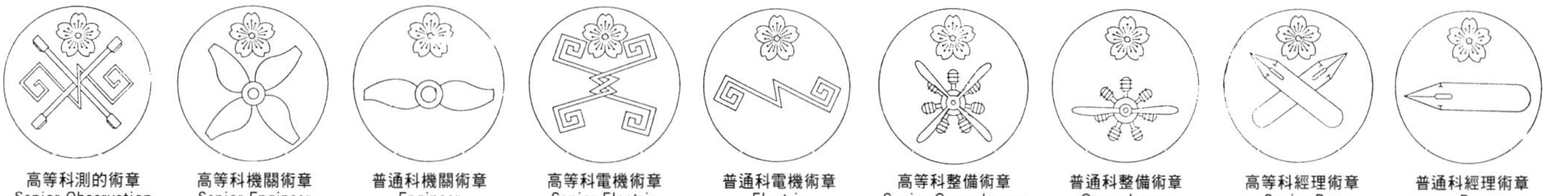

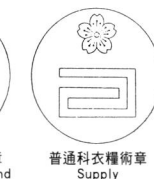

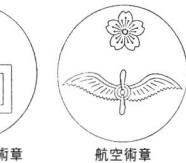

針對兵科別設計的特技章於昭和17年廢止，統一改為櫻花（普通科）、八重櫻（高等科）的設計（詳見46頁）。
Deleted from 1942

49

NAVY 4

海軍 4 特殊勤務服裝
Special duty uniform

防寒衣
Winter uniform

昭和6年的防寒外套
Winter great coat model 1931.

昭和13年的將校用防寒外套
Officer's winter coat model 1938

肩章於昭和15年被廢除

將校用防寒外套
Officer's winter coat

單排扣兵用防寒外套
Single breast winter coat for private

末期的單排扣防寒外套
Single breast winter coat very late model of war

兵用防寒外套
Winter coat for private

防暑衣
Tropical uniform

將校用的防暑衣
Officer's tropical uniform

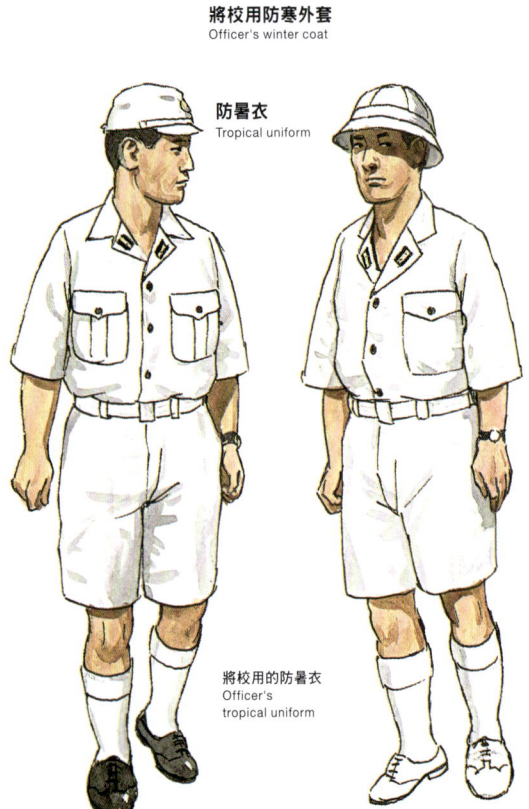

士兵用防暑衣
Tropical uniform for private

防毒衣
Gas proof cloth

艦上消毒用防毒衣
Board gas proof cloth

陸戰隊 Landing trooper

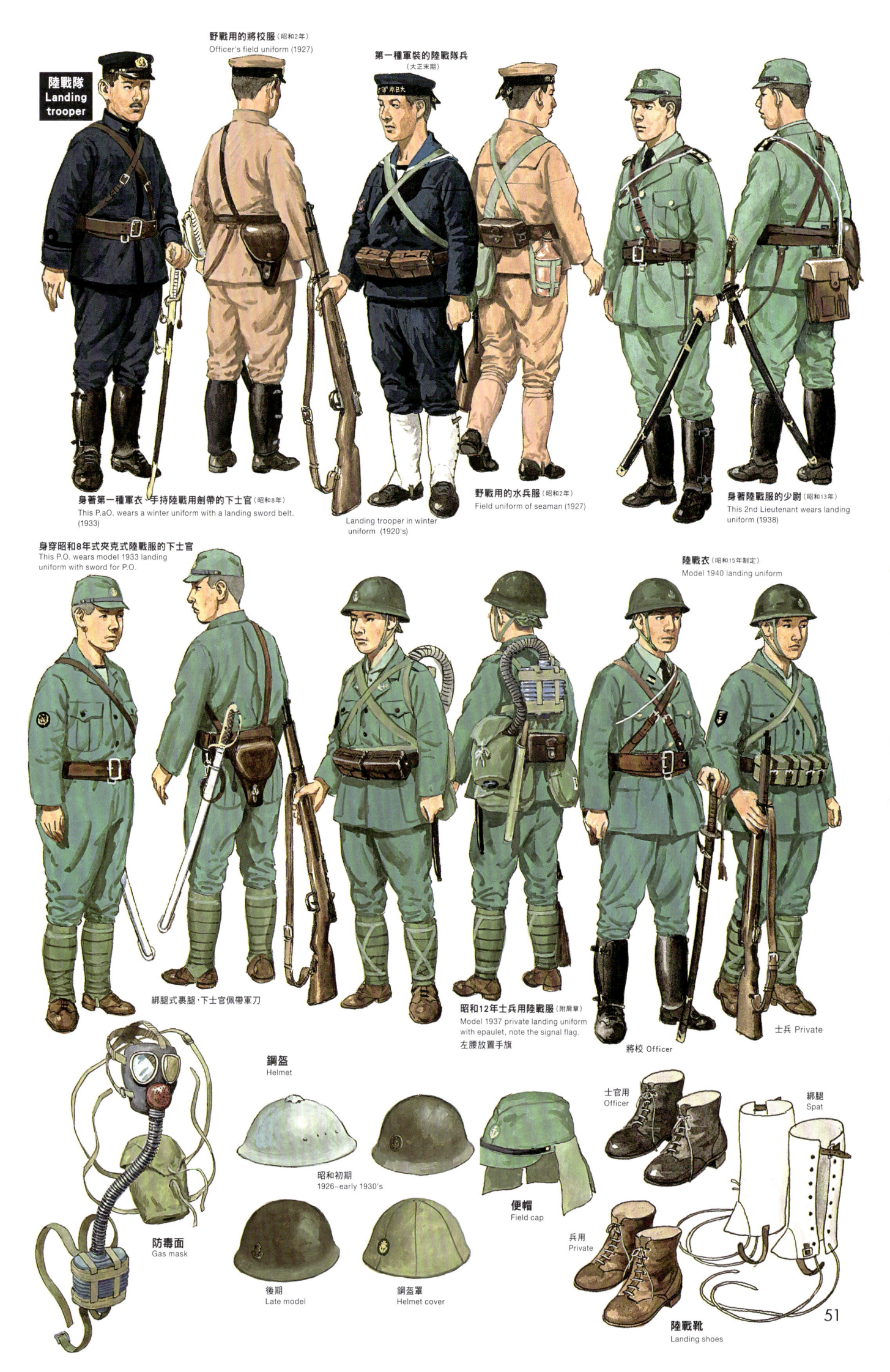

野戰用的將校服（昭和2年）
Officer's field uniform (1927)

第一種軍裝的陸戰隊兵（大正末期）

野戰用的水兵服（昭和2年）
Field uniform of seaman (1927)

身著陸戰服的少尉（昭和13年）
This 2nd Lieutenant wears landing uniform (1938)

身著第一種軍衣，手持陸戰用劍帶的下士官（昭和8年）
This P.aO. wears a winter uniform with a landing sword belt. (1933)

Landing trooper in winter uniform (1920's)

身穿昭和8年式夾克式陸戰服的下士官
This P.O. wears model 1933 landing uniform with sword for P.O.

綁腿式裹腿，下士官佩帶軍刀

昭和12年士兵用陸戰服（附肩章）
Model 1937 private landing uniform with epaulet, note the signal flag.
左腰放置手旗

陸戰衣（昭和15年制定）
Model 1940 landing uniform

將校 Officer
士兵 Private

防毒面 Gas mask

鋼盔 Helmet

昭和初期 1926~early 1930's

後期 Late model

鋼盔罩 Helmet cover

便帽 Field cap

士官用 Officer
兵用 Private

陸戰靴 Landing shoes

綁腿 Spat

51

NAVY4

特殊勤務服裝
Special duty uniform

最初的海軍陸戰隊是由海軍艦艇上的部分乘員依需要臨時編成，派遣至陸上作戰的。當上海事變（昭和7年，1932，後稱第一次上海事變）爆發後，海軍開始設置常設的「特別陸戰隊」，使陸戰隊從臨時性質轉為固定編制。

軍帽上的帽帶也有所區別，早期的陸戰隊標示為「大日本海軍特別陸戰隊」，而上海事變後成立的固定部隊則會冠上地名，例如：上海特別陸戰隊。但到昭和17年，都統一標記為「大日本帝國海軍」。

陸戰隊成立初期，正如51頁上段的圖示，隊員常在標準海軍軍裝上外加陸戰裝備，但這些裝備並不適合野戰環境，因此便開始研發專用的陸戰服。隨著戰爭發展，艦艇逐漸減少，海軍的陸上勤務開始增加，這類陸戰服便逐漸演變成「第三種軍裝」。

陸戰服本身兼具「便裝」功能，自昭和12年日華事變後，駐紮在中國大陸的海軍航空部隊在執行地面勤務時，大多穿著陸戰服。

陸戰服的變化
Evolution of landing tunic

士官 Officer

昭和8年（改為蝴蝶領結）
Model 1933

昭和10年（改為普通領帶）
Model 1935

昭和12年
Model 1937

昭和15年（廢除肩章，改為領章）
Model 1940 (epaulet deleted)

背面
Back side view

▶ 昭和15年式戰時範例
根據規定領章需佩戴在上襟，但南方戰場因氣候炎熱，常將領子翻出，因此將領章改配在下襟

褲
Trousers

下士官 Petty Officer

昭和8年（下士官的袖章佩戴於右袖外側）
Petty officer wore arm badges on the Right arms

昭和10年（變更領型）
Model 1935 (lapel redesigned)

昭和12年（肩章上加裝金屬章，襯衫樣式有所變化）
Model 1937 (metal badge added on shoulder strap)

昭和15年（將金屬章佩戴於領子上，原因同之前所述）

背面
Back side view

Model 1940 (metal badge relocated to lapel)

▶ 一般情況下，領章佩戴於下襟。昭和17年廢止。

褲（下士官兵共通）
Trousers (NCO, Private)

戰爭末期的陸軍式上衣（褐綠色、卡其色）
Late Army style tunic (Khaki)

昭和18年，日本海軍制定了一款與陸戰服相似的西裝式軍服，作為便裝，但不得在正式場合上穿著。
到了昭和19年這款軍服才被制定為「第三種軍裝」，正式允許使用。然而，早在這之前，陸戰服就已經被非正式地稱為「第三種軍裝」了。

防寒褲（深藍）
Winter trousers (dark blue)

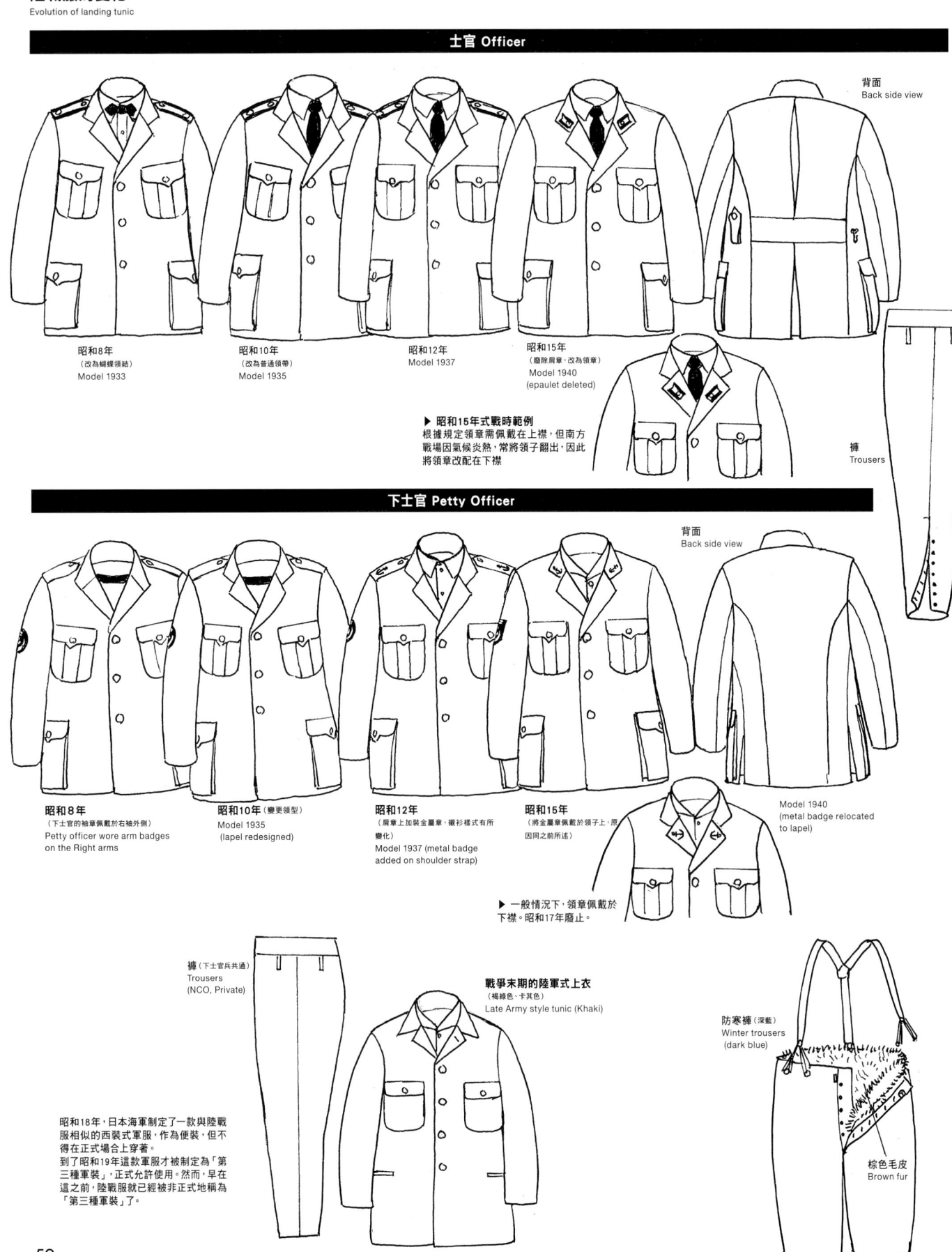

棕色毛皮
Brown fur

士兵 Private

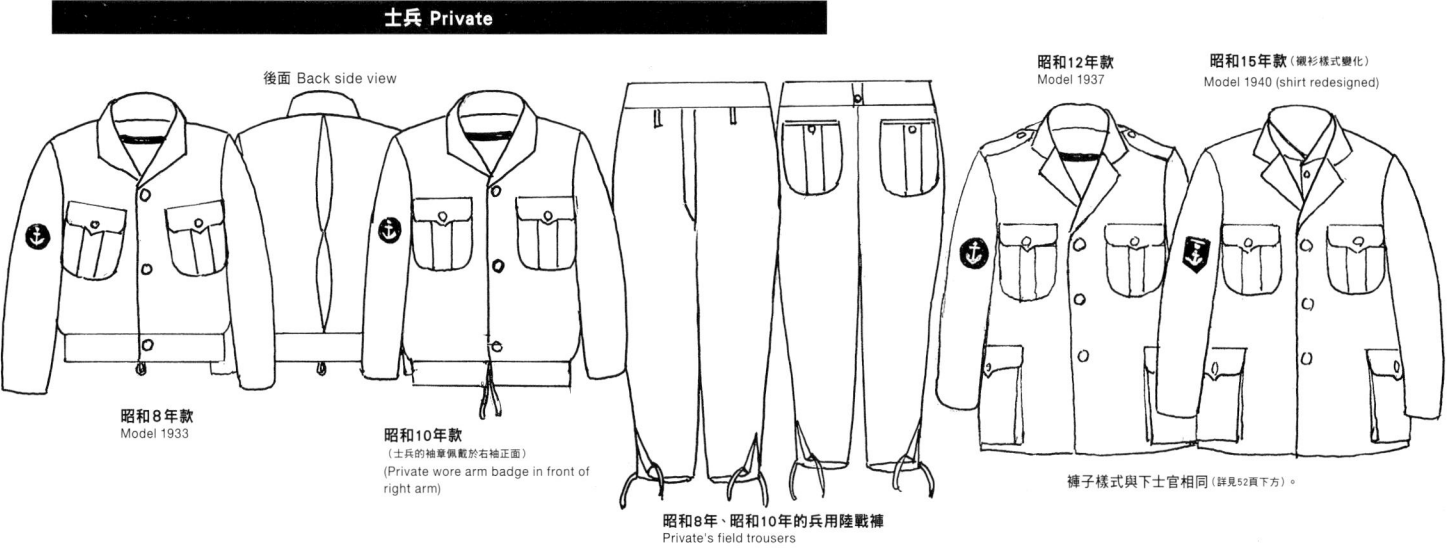

- 後面 Back side view
- 昭和8年款 Model 1933
- 昭和10年款（士兵的袖章佩戴於右袖正面）(Private wore arm badge in front of right arm)
- 昭和8年、昭和10年的兵用陸戰褲 Private's field trousers
- 昭和12年款 Model 1937
- 昭和15年款（襯衫樣式變化）Model 1940 (shirt redesigned)
- 褲子樣式與下士官相同（詳見52頁下方）。

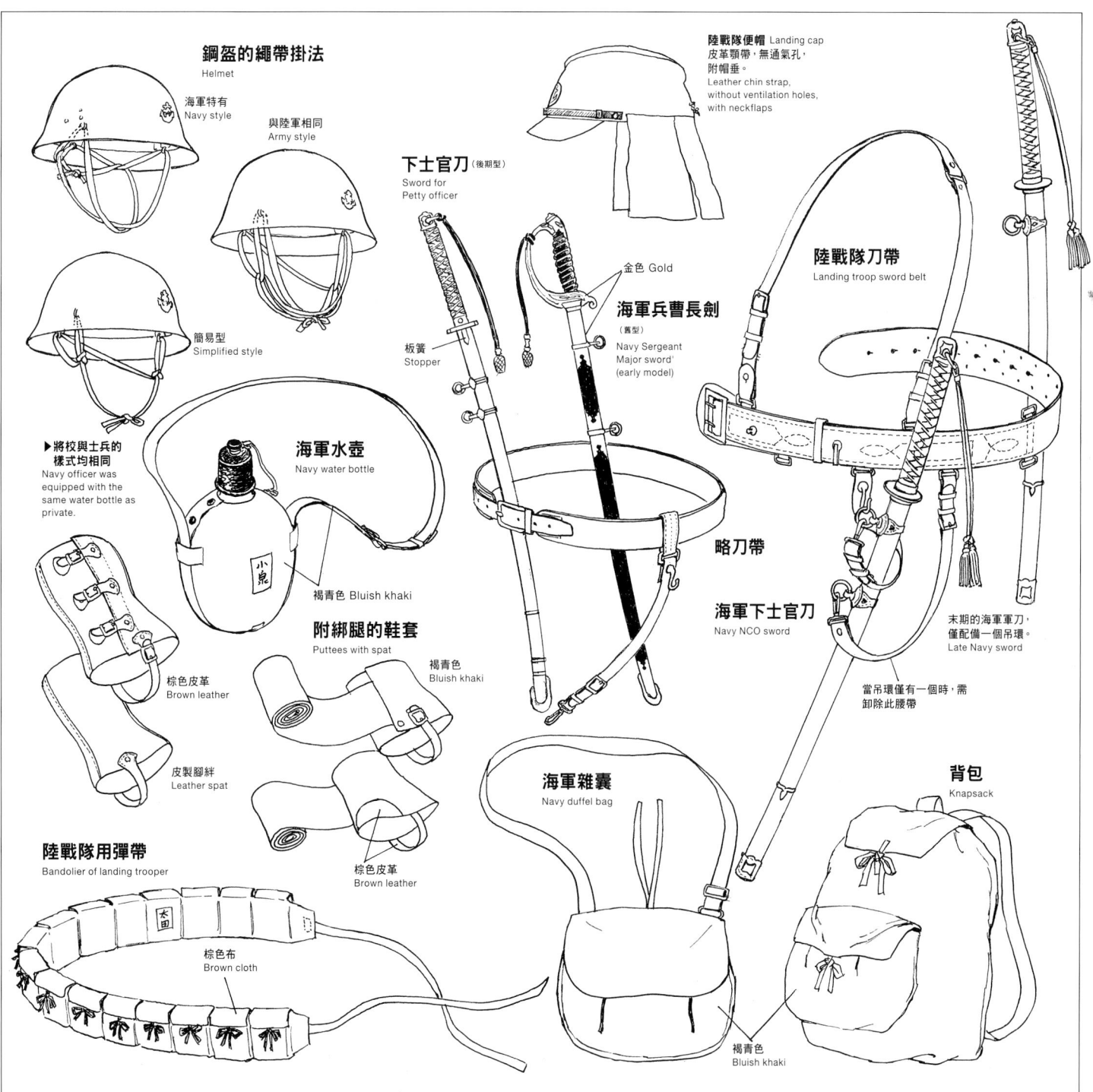

鋼盔的繩帶掛法 Helmet
- 海軍特有 Navy style
- 與陸軍相同 Army style
- 簡易型 Simplified style

▶將校與士兵的樣式均相同 Navy officer was equipped with the same water bottle as private.

- 海軍水壺 Navy water bottle
- 褐青色 Bluish khaki
- 陸戰隊便帽 Landing cap 皮革顎帶，無通氣孔，附帽垂。Leather chin strap, without ventilation holes, with neckflaps
- 下士官刀（後期型）Sword for Petty officer
- 金色 Gold
- 板簧 Stopper
- 海軍兵曹長劍（舊型）Navy Sergeant Major sword' (early model)
- 陸戰隊刀帶 Landing troop sword belt
- 略刀帶
- 海軍下士官刀 Navy NCO sword
- 末期的海軍軍刀，僅配備一個吊環。Late Navy sword
- 當吊環僅有一個時，需卸除此腰帶

- 附綁腿的鞋套 Puttees with spat
- 褐青色 Bluish khaki
- 棕色皮革 Brown leather
- 皮製腳絆 Leather spat

- 陸戰隊用彈帶 Bandolier of landing trooper
- 棕色皮革 Brown leather
- 棕色布 Brown cloth

- 海軍雜囊 Navy duffel bag
- 褐青色 Bluish khaki
- 背包 Knapsack

NAVY5

海軍 5 特殊勤務服裝
Special duty uniform

航空隊 Navy Air Force

航空帽（冬用）
Winter flying helmet

航空帽（夏用）
Summer flying helmet

三式航空帽（末期）
Type 3 flying helmet (final model)

航空護目鏡（初期型）
後期則與陸軍相同
Aviation goggle (early model)

航空衣褲的著裝順序
Flying suits

穿著救生衣並繫上縛帶
Life jacket and parachute harness

戰爭末期的單排扣航空服
Single breast flying suit (final model)

電熱服（穿於內層）
Electric heat suit. (worn under the flying suit)

冬季用航空服（連身設計）
Winter flying suit (one piece)
圍巾為白色絲製品
Muffler was white silk.

袖章（初期）rank insignia

大尉 Lieutenant
中尉 Sub-Lieutenant
少尉 Ensign

救生衣
Life jacket

另一版本的冬季航空服
Winter flying suit (another version)
部分款式的衣領為白色
There were some white fur-lined suit also.

航空整備服
Mechanic

特別攻擊隊用衣褲
（震洋乘組員）
Suicide attack uniform (crew of Sinyo)

航空手套
Aviation gloves

頸部裝有傳聲管的送話管
從左耳延伸的是傳聲管

半長靴的鞋底為橡膠材質，
以防於機體上行走刮傷表面。

傘兵 Paratrooper

傘兵的著裝順序
Jump suit

降下衣褲的口袋用於存放彈藥、食物與急救用品
The pockets of jump suit were for ammo, and food, first aid kit.

穿上空降衣，佩戴空降靴；右胸口袋為手槍收納處。
Jump tunic and jump boot, note the pistol pocket

繫上縛帶，戴上鋼盔，扣上頸帶，再用便帽的帽垂遮蓋。
Worn with the parachute harness, chin strap of helmet would be covered with neckflaps of field cap.

空降褲
Jump trousers

佩戴一〇〇式機關短槍袋與四式降落傘
Type 100 submachine gun bag and type 4 parachute

不同款式的空降衣褲
Jump suit variation

佩帶布製彈帶（可裝65發子彈）
攜帶三八式騎兵槍
Cloth bandolier (65 rounds) and Type 38 carbine.

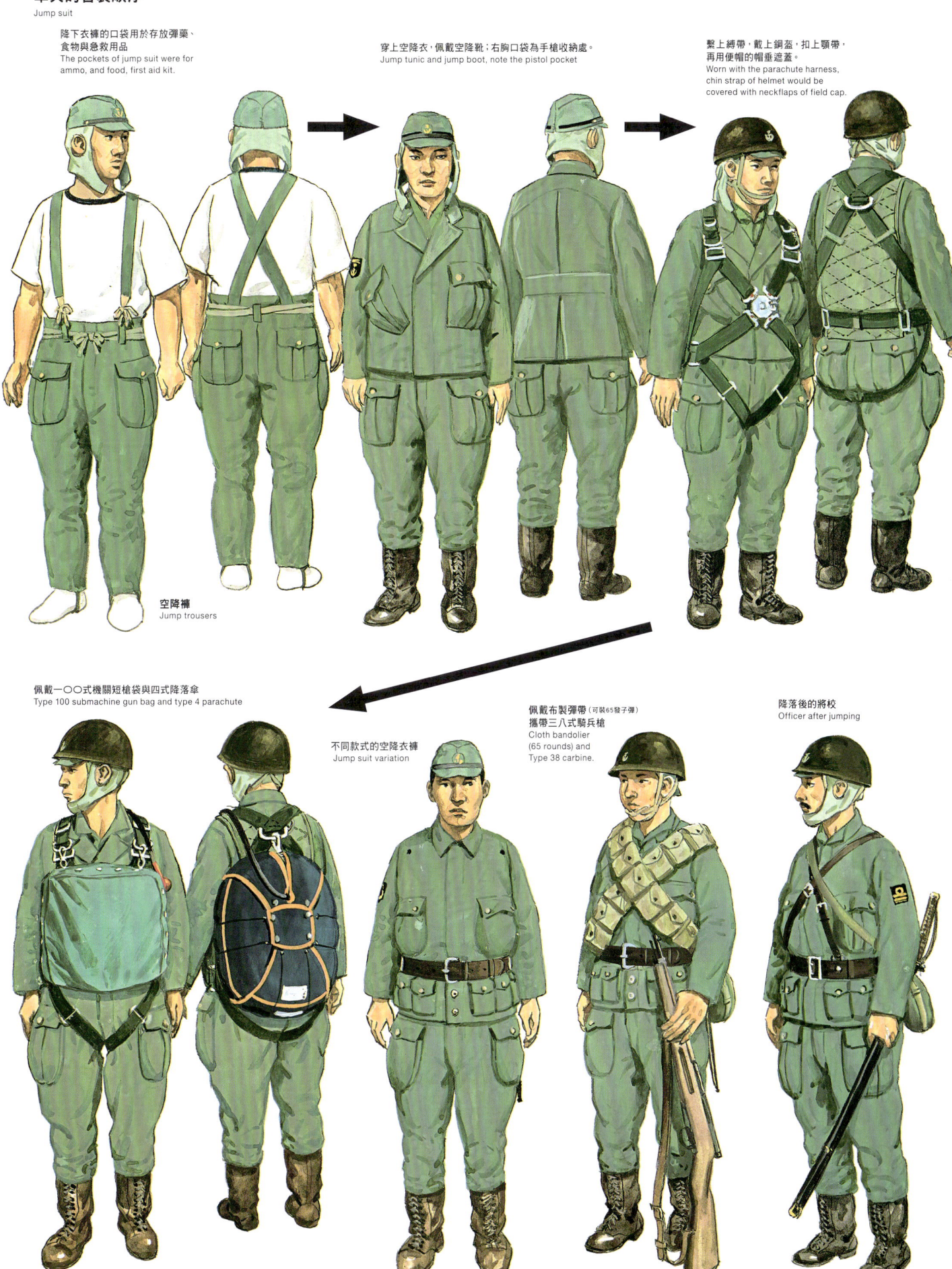

降落後的將校
Officer after jumping

NAVY5

特殊勤務服裝
Special Duty Uniform

降落傘兵用頭盔 Jump helmet

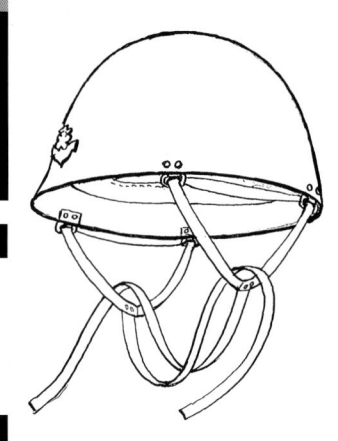

各種航空帽 Flying helmet variation

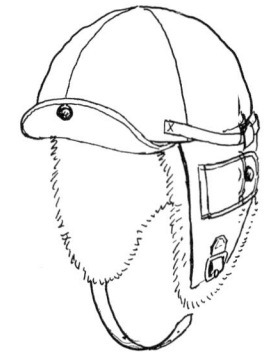

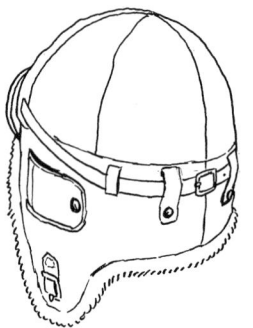

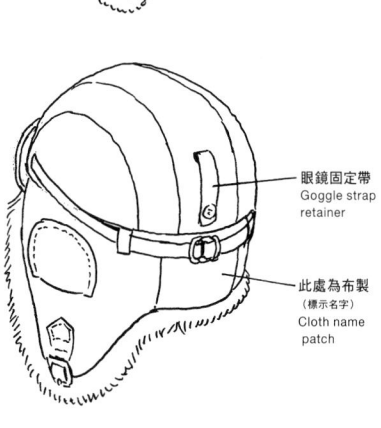

眼鏡固定帶
Goggle strap retainer

此處為布製（標示名字）
Cloth name patch

帽簷為可拆式
The peak was detachable

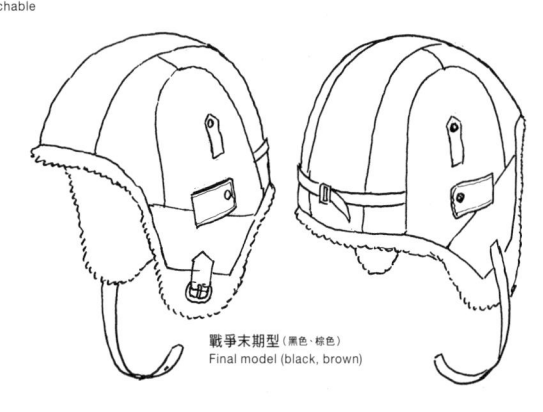

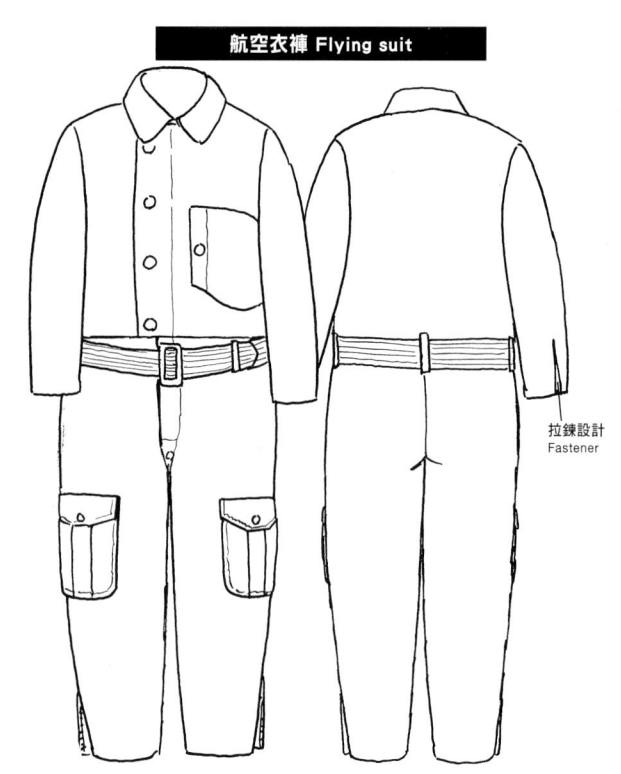

戰爭末期型（黑色．棕色）
Final model (black, brown)

航空衣褲 Flying suit

拉鍊設計
Fastener

▲冬季航空衣褲 Winter flying suit
（內部以和紙包裹真絲，外層為黑富士網布覆蓋）

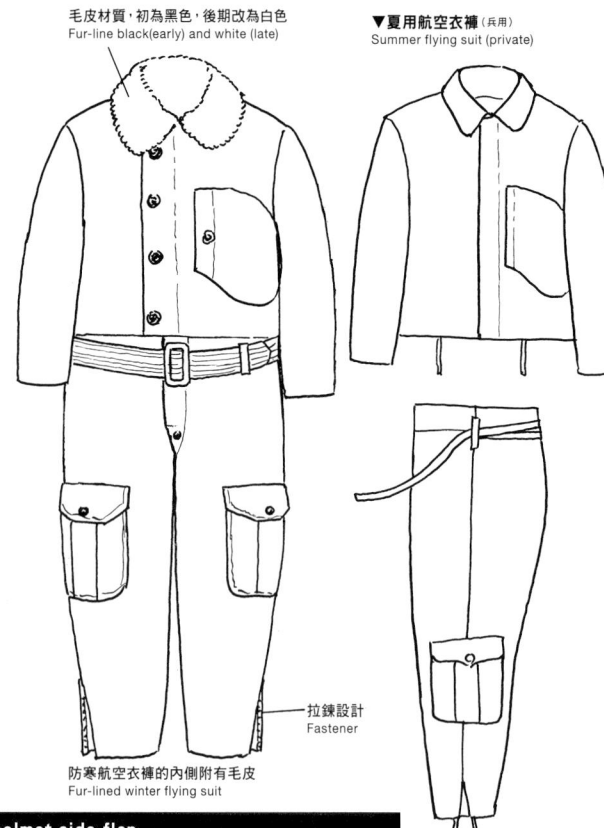

毛皮材質，初為黑色，後期改為白色
Fur-line black(early) and white (late)

▼夏用航空衣褲（兵用）
Summer flying suit (private)

拉鍊設計
Fastener

防寒航空衣褲的內側附有毛皮
Fur-lined winter flying suit

航空帽兩側翻起的狀態 Folding position of flying helmet side flap.

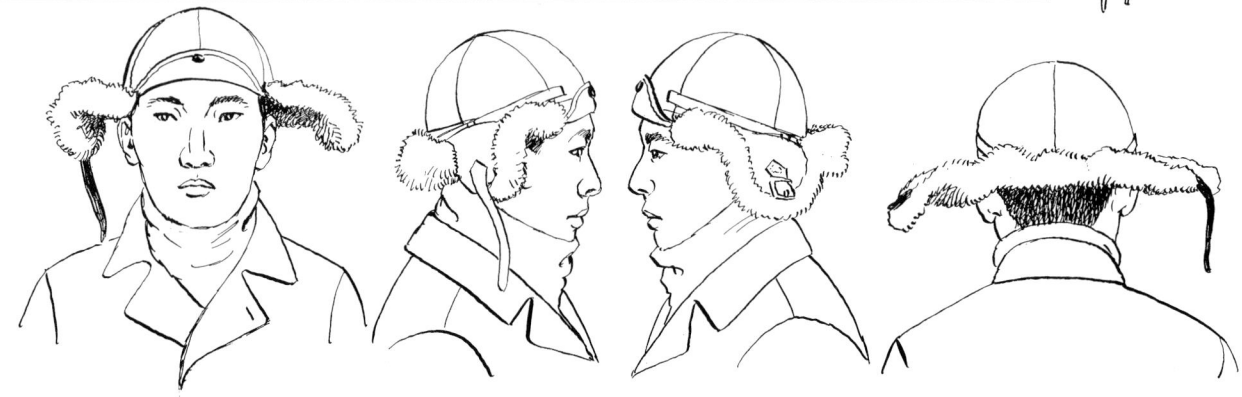

航空服官職等識別章（昭和9年制定） Ranka insignia for pilot (since 1934)

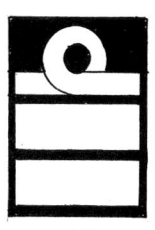

少將	Rear Admiral
大佐	Captain
中佐	Commander
少佐	Lieutenant Commander
大尉	Lieutenant
中尉	Sub-Lieutenant
特務少尉	Engineering Ensign（昭和17年起廢除特務稱號）(deleted in 1942)
少尉	Ensign
候補生	Midshipman
飛行兵曹長	Chief petty officer

※ 兵曹長以上的飛行服階級章採用模仿袖章的設計，下士官與士兵搭乘員的階級章則與49頁所列相同。

昭和20年2月17日之後，會在飛行服的袖口加上日之丸標誌。

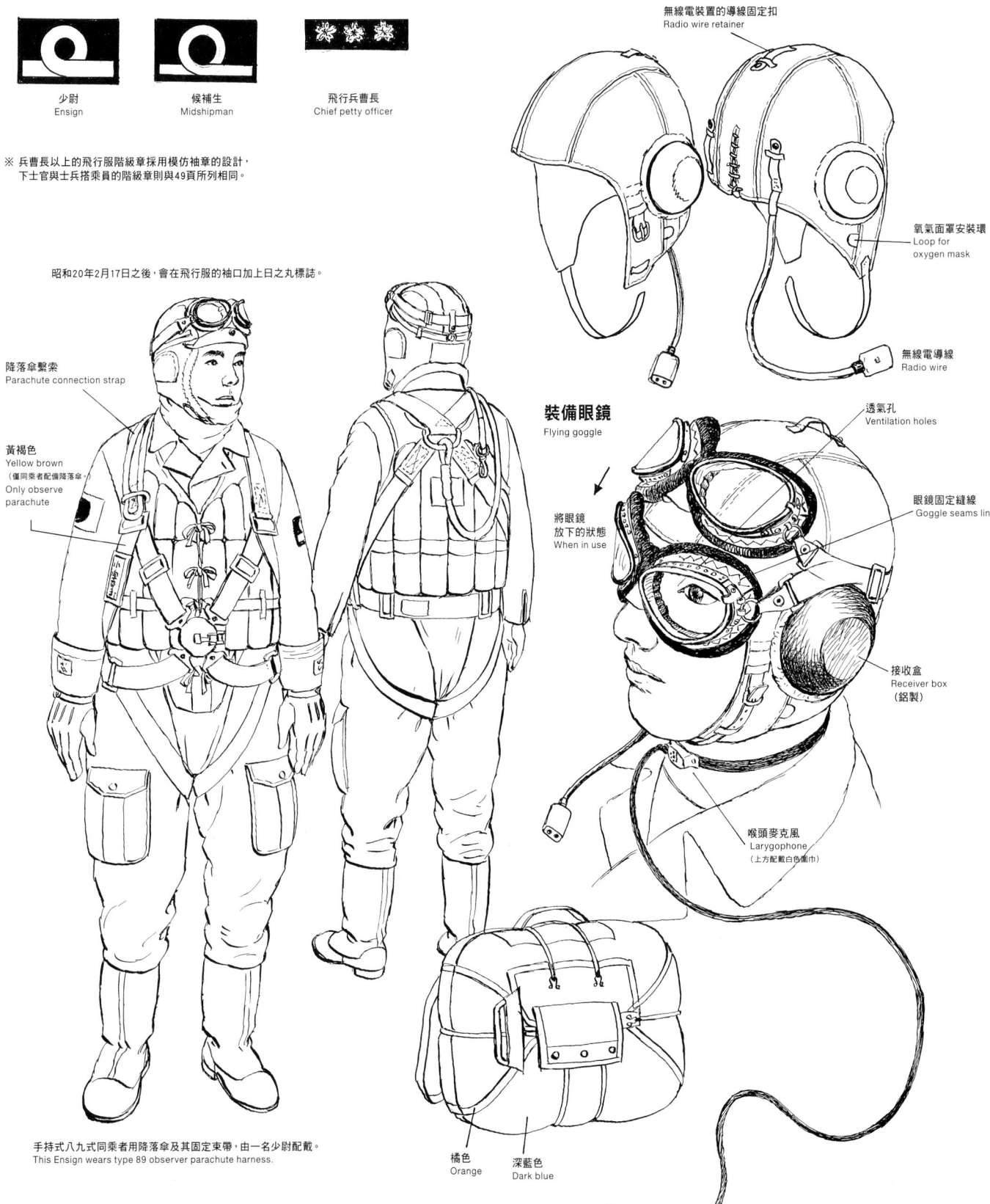

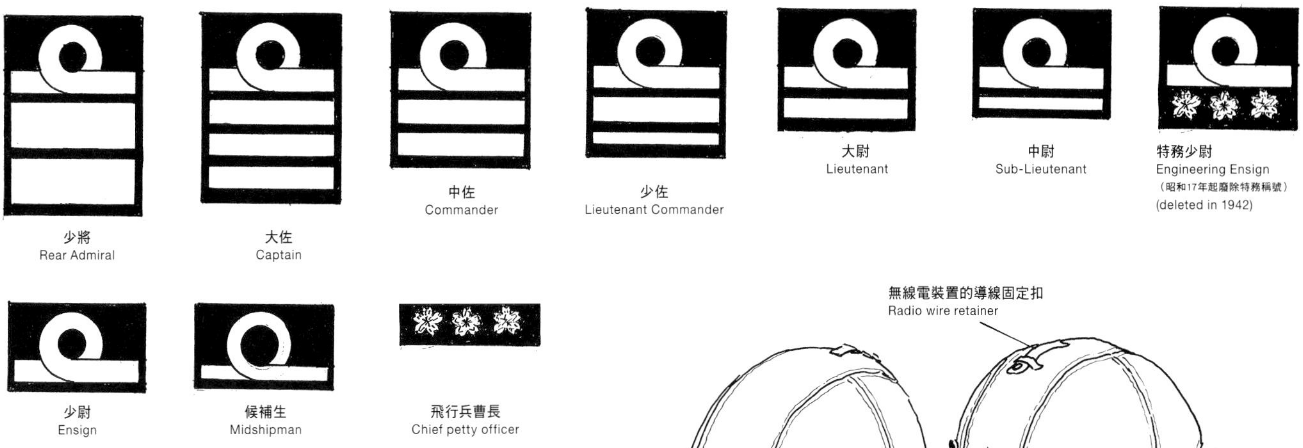

- 降落傘繫索 Parachute connection strap
- 黃褐色 Yellow brown（僅同乘者配備降落傘）Only observe parachute

手持式八九式同乘者用降落傘及其固定束帶，由一名少尉配戴。
This Ensign wears type 89 observer parachute harness.

- 無線電裝置的導線固定扣 Radio wire retainer
- 氧氣面罩安裝環 Loop for oxygen mask
- 無線電導線 Radio wire

裝備眼鏡 Flying goggle

將眼鏡放下的狀態 When in use

- 透氣孔 Ventilation holes
- 眼鏡固定縫線 Goggle seams line
- 接收盒 Receiver box（鋁製）
- 喉頭麥克風 Larygophone（上方配戴白色圍巾）

- 橘色 Orange
- 深藍色 Dark blue

NAVY6

海軍 6
軍樂兵・法務兵・學生
Military band
Judge advocate
Student

禮衣領章
Collar patch for full dress

將校：2朵櫻花
Officer = 2
下士官、士兵：1朵櫻花
Petty officer, seaman=1

軍樂兵 Military band

樂科特務士官（大尉）和軍樂兵曹長的禮衣褲
（昭和17年後，適用對象為士官與上等兵曹。）
Full dress of Military band officer (Lientenant) and Chief Petty officer

與其他兵科不同，軍樂科的下士官兵會配發正裝與禮裝，並在各種正式儀式上穿著，進行演奏。

軍樂特務士官和軍樂兵曹長的衣褲
Service dress of Military band officer and Chief Petty officer

軍樂兵曹和軍樂兵（二等軍樂兵）的禮衣褲
Full dress of Military band Petty officer and seaman

軍樂兵曹和軍樂兵的軍衣褲
Service dress of Military band, Petty officer and seaman.

兵用軍帽前章
Cap badge for seaman

軍樂兵曹和軍樂兵的夏衣褲
Summer dress of Military band, Petty officer and seaman.

軍樂兵曹和軍樂兵的外套
Great coat of Military band. Petty officer and seaman

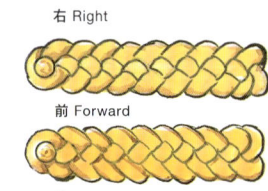

軍樂兵肩章
Shoulder strap of Military band

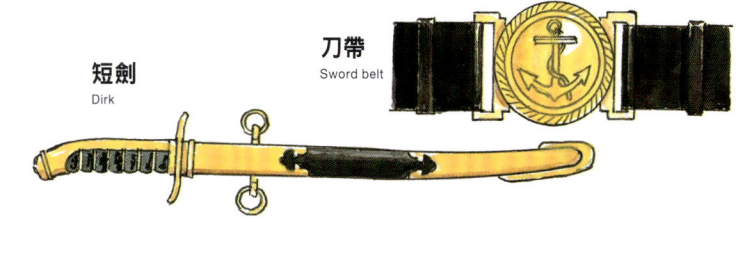

右 Right
前 Forward
左 Left

短劍
Dirk

刀帶
Sword belt

58

法務兵 Judge advocate

海軍法務士官的識別色為萌黃色，昭和17年由文官改為武官，並制定了正式的軍服制度。

海軍警察 Navy police

前章 Cap badge
刀 Sword
肩章 Shoulder strap
刀帶前章 Sword belt buckle

海軍監獄長、看守長禮衣褲（制帽採文官奏任官用款式）
Full dress of Governor of Navy prison and Chief prison guard

海軍監獄長、監守長的外套
Great coat of Governor of Navy prison and Chief prison guard

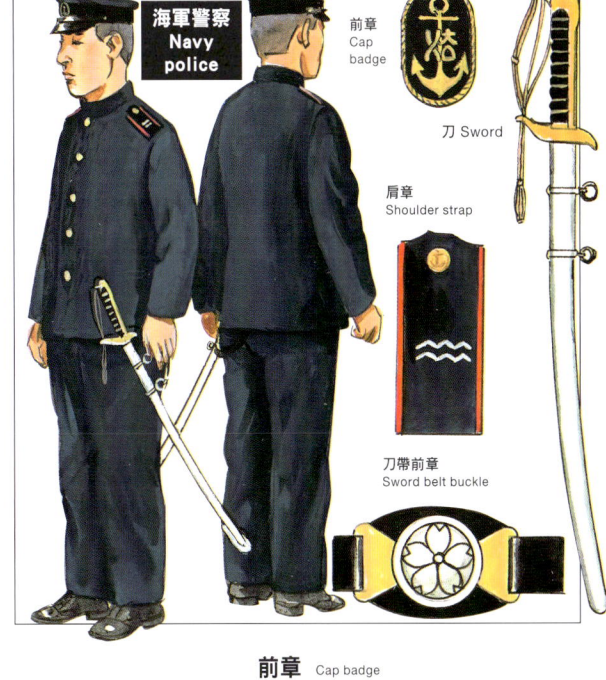

前章 Cap badge
- 監獄長 Governor of Navy prison 
- 監獄看守 Prison guard

正肩章 Full dress shoulder strap 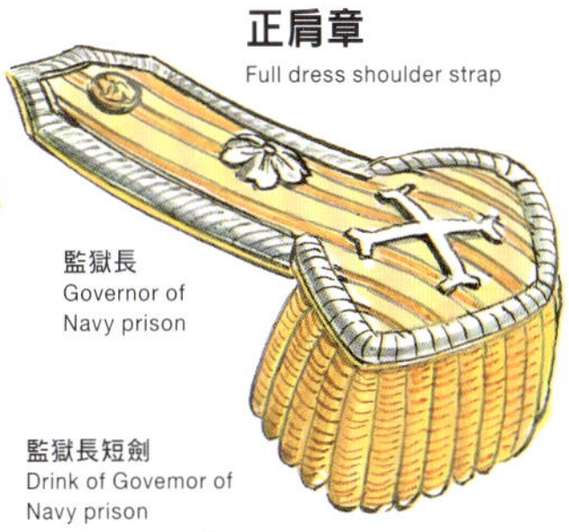
- 監獄長 Governor of Navy prison

監獄長短劍 Drink of Governor of Navy prison

刀帶前章 Sword belt buckle
- 監獄長 Governor of Navy prison 
- 監獄看守長、監獄看守 Chief prison guard and Priso guard

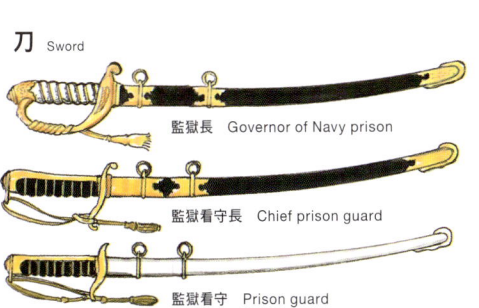

肩章 Shoulder strap
- 監獄長 Governor of Navy prison
- 監獄看守長 Chief prison guard
- 監獄看守 Prison guard

刀 Sword
- 監獄長 Governor of Navy prison
- 監獄看守長 Chief prison guard
- 監獄看守 Prison guard

傷病衣 Patient wear

患者用的綿充填衣 Patient padded clothing

患者衣 Patient wear

NAVY6

軍樂兵・法務兵・學生

Military band
Judge advocate
Student

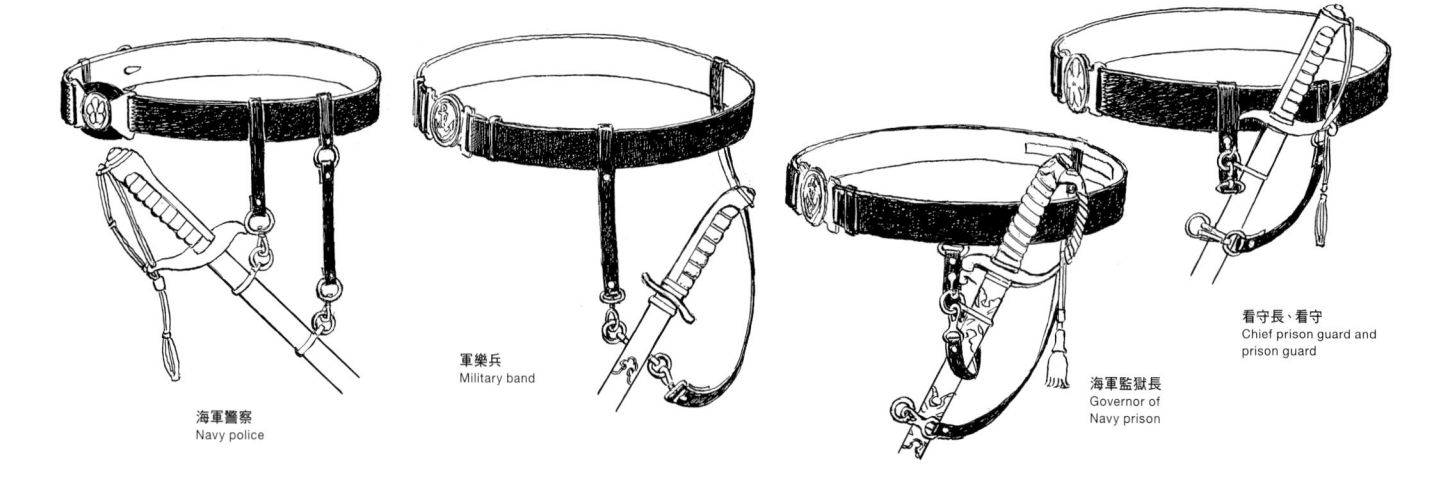

刀和刀帶 Sword and sword belt

海軍警察
Navy police

軍樂兵
Military band

海軍監獄長
Governor of Navy prison

看守長、看守
Chief prison guard and prison guard

日本海軍的各種學校

與世界多數軍隊相同，日本海軍對士官與下士官、士兵的待遇有著明顯的差異。

海軍士官的主要來源是海軍兵學校、海軍機關學校、海軍經理學校這三所學校（統稱三校）。報考這些學校的條件是擁有舊制中學四年級第一學期的學歷（因為報考時間在秋季，海軍的新年度始於12月1日，因此以此時間為基準入學）。除此之外，還有以下幾種途徑可以成為士官：❶從高等商船學校等船舶類學校畢業後成為「預備士官」；❷大學畢業後以短期服役的方式擔任「短期現役士官」（適用於軍醫科、牙醫科、藥劑科、技術科、主計科、法務科）；❸東京帝國大學等理工系大學畢業生成為「造船、造機、造兵士官」（後來統稱為技術士官）。

士兵的入伍流程則完全不同。首先，入伍者以四等兵的身分進入海兵團（練習部），根據志願或徵兵時提交的志願項目，分配為水兵、機關兵、主計兵、航空兵等兵種。入伍後，須接受三個月的基礎訓練，接著進行艦務實習，結束後分發至水上艦艇、航空隊、鎮守府的定員分隊等單位。服役一段時間後，可進入各術科學校，完成普通科練習生的專業教育後，獲得「特技章」。隨著勤務經驗的累積，可進一步成為高等科練習生，並逐步晉級。大多數水兵在此過程中會晉升為下士官。

截至昭和17年3月，海軍內設有以下學校：

●海軍大臣轄下的學校

①海軍大學校（東京）
海軍的最高學府，負責對海軍士官進行高等教育，並從事兵技、技術等研究。設有甲種學生、特修學生、機關學生、選科學生等課程。

②海軍兵學校（江田島）
培養兵科士官（將校）的學校，關東大震災前設於東京築地。太平洋戰爭前，教育年限為4年（最上級生稱1號學生，以下依序為2號學生、3號學生……），後來逐步縮短。此外，還設有選科學生制度，從人格與識見優秀的兵曹長與一等兵曹中選拔特務士官。

③海軍機關學校（舞鶴）
培養機關科士官（機關將校）的學校，報考資格與海軍兵學校相同。此外，學校也對機關科、工作科的兵曹長與一等兵曹提供教育，使其具備尉官等級的勤務能力。然而，根據《軍令承行令》，機關科士官即使階級較高，也須服從兵科士官的指揮。昭和17年，廢除將校的稱呼，昭和20年更名為海軍兵學校舞鶴分校。

④海軍經理學校（東京）
培養主計士官（經理將校）的學校，報考資格與海軍兵學校相同。此外，學校還負責教育準備晉升特務士官的主計兵曹長、一等主計兵曹，以及海軍主計少尉候補生與海軍主計特修生（下士官、士兵），並進行海軍會計與經理業務的研究與調查。

⑤海軍軍醫學校（東京）
培養軍醫科士官（限醫科大學畢業生）與藥劑科士官，還負責培養看護科特務士官（看護兵曹長），並進行醫學與防疫的研究與調查。

●鎮守府司令官轄下的學校

①海軍砲術學校（橫須賀、館山）
負責培育兵科士官、特務士官、准士官（以上統稱學生），以及級別的下士官兵（稱為練習生），並進行砲術與體育方面的研究。練習生的課程如下（學生以普通科學生與高等科學生為主）：普通科為期6～7個月。
　①普通科／高等科／特修科砲術練習生
　②普通科／高等科／特修科測的術練習生
　── 以上課程設於橫須賀（海上砲術）
　③普通科／高等科砲術練習生
　── 以上課程設於館山（陸上砲術）

②海軍水雷學校（田浦）
與砲術學校類似，負責教育兵科士官、特務士官、准士官及特務兵級別的下士官與士兵，並進行水雷術的研究。練習生的課程如下（學生主要分為普通科學生與高等科學生）：
　①普通科／高等科／特修科水雷練習生
　※其他課程後來移至通信學校與機雷學校。

③海軍工作學校（久里濱）
負責培育海軍機關科士官、工作科特務士官、准士官，以及特修兵級別的下士官與士兵，使其掌握工作術。課程分為普通科、專修科、高等科（1年）。也從事工作術的研究與調查。

④海軍機雷學校／海軍對潛學校（久里濱）
培訓兵科士官、特務士官、准士官、特修兵，使其掌握機雷術，並進行相關的研究與調查。昭和19年更名為海軍對潛學校。
　①普通科機雷術練習生
　②普通科機雷術水中測的練習生
　③高等科機雷術機雷練習生
　④高等科機雷術水中測的練習生（7個月）

⑤海軍潛水學校（吳）
負責教育兵科將校、特務士官、准士官及特修兵級別的下士官兵，使其掌握潛水艦實務與潛水術。
　①潛航術掌水雷練習生
　②潛航術掌水中測的練習生
　③潛航術內火機械練習生
　④潛航電機講習生

⑥海軍通信學校（久里濱）
負責教育兵科士官、特務士官、准士官及特修下士官兵，使其掌握通信術。
　①普通科電信術練習生
　②高等科電信術練習生（1年）

⑦海軍工機學校（橫須賀）＆海軍工作學校（久里濱）
工機學校創立於昭和3年；昭和16年，工作課程獨立，設立海軍工作學校。工作學校負責教育機關科將校、機關特務士官、准士官及特修下士官兵，並傳授機關術。
　①普通科／高等科機關術練習生
　②普通科／高等科電機術練習生（6個月）

⑧海軍航海學校（橫須賀）
最初由海軍運用術練習艦負責相關教育，後來學校正式創立，負責教育兵科士官、特務士官、准士官及特修下士官兵，使其掌握航海術、運用術、信號術、瞭望術、氣象術。
　①普通科運用術操艦練習生（6個月）
　②普通科運用術應急練習生
　③普通科信號術練習生（8個月）
　④高等科運用術應急練習生
　⑤高等科運用術操艦練習生
　⑥高等科信號術練習生

此外，戰爭期間還設立了水測學校（聲納）與電測學校（雷達）。各鎮守府所在地則設海軍醫院練習部。

●海軍練習航空隊

日本海軍認為，航空相關教育（包括搭乘員與維修員）應由練習航空隊負責，而非學校體系，這樣更能強調實戰應用。因此，海軍士官、特務士官、准士官以及下士官兵的教育皆由練習航空隊負責。
① 飛行練習生
　※ 搭乘員養成課程中，士官學員稱為飛行學生。
② 特修科飛行術練習生
　※ 以上兩項皆為飛行員。
③ 普通科航空兵器術練習生
④ 高等科航空兵器術練習生
　※ 也有部分學員在水雷學校學習魚雷操作。
⑤ 普通科整備術練習生
⑥ 高等科整備術練習生

預備生 Preparatory student

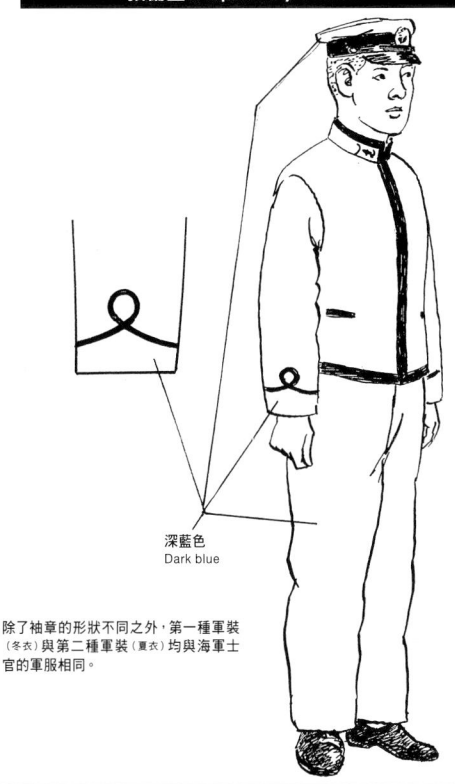

深藍色 Dark blue

除了袖章的形狀不同之外，第一種軍裝（冬衣）與第二種軍裝（夏衣）均與海軍士官的軍服相同。

海軍航空預備學生／海軍飛行預備學生

日本海軍仿效英國海軍的預備士官制度，從東京高等商船學校、神戶高等商船學校及其他船舶類學校的畢業生中，選拔後授予預備少尉軍銜。他們平時在民間的航運公司機構任職，戰時則召回海軍服役。隨著海軍航空部隊的擴編，海軍開始從一般大學畢業生中招募曾參加航空相關社團活動的人員，這些人被稱為海軍航空預備學生，後來改稱飛行預備學生、飛行專修預備學生等。

在昭和18年(1943)的學徒動員中，透過徵兵制度入伍的提前畢業大學生，以二等水兵身份進入海兵團。藉由士官錄用考試，依志願與適性選為兵科(第4期)或飛行科(第14期)的預備學生。尚在大學預科、高等學校、專門學校就讀，未達提前畢業資格的學生則以預備學徒(第1期)身份入伍。

海兵團 Petty/seaman officer school

軍衣(夏用) 與水兵相同 Service dress (Summer)

体操著 Sports wear

金色字 Golden lettering
此外，還有吳、佐世保、舞鶴海兵團。

預科練習生 Preparatory flying student

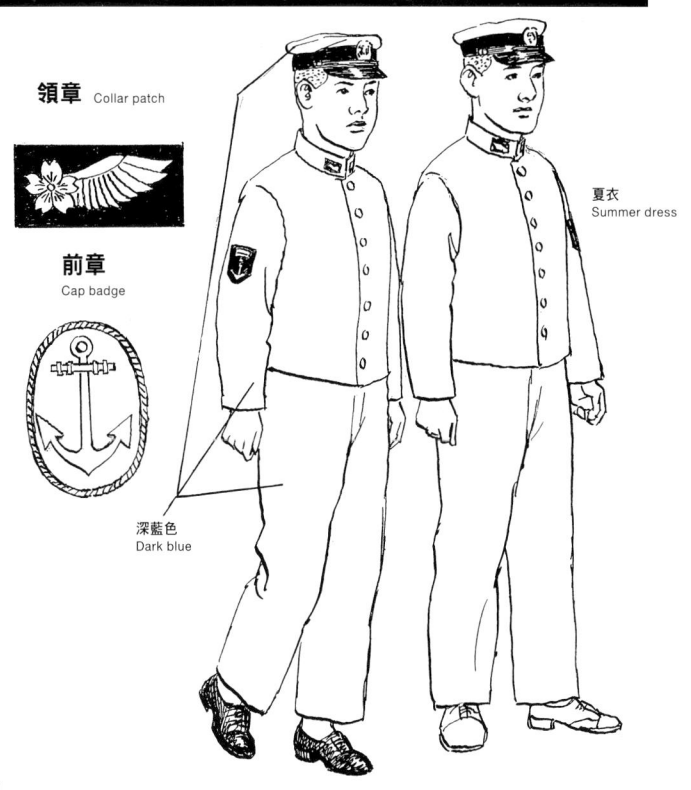

領章 Collar patch

前章 Cap badge

深藍色 Dark blue

夏衣 Summer dress

最初，服裝與其他兵科的下士官兵相同，但昭和17年11月1日制定了七顆鈕扣(使用下士官專用鈕扣)的軍衣。軍帽為下士官用，前章則為金色金屬製。戰爭末期，該款軍衣出現了褐色版本。

預科練習生(昭和11年改稱為飛行預科練習生)制度設立於昭和5年，主要招收資質聰穎但因財力限制無法接受高等教育的少年，將其培育為海軍飛行機搭乘員。在預科練中，他們接受海軍軍人的基本訓練，學習航空術的相關知識，之後再晉升為飛行練習生，正式接受飛行機駕駛訓練。

① 乙種飛行預科練習生 (昭和5年6月起)
最早設立的預科練，通稱「海軍少年航空兵」，招收14～18歲、具舊制高等小學2年級結業程度的學生。訓練期平均2年6個月，但各期略有不同。後來，隨著甲種飛行預科練習生的設立，改稱為乙種飛行預科練習生。共招收1～24期。

② 甲種飛行預科練習生 (昭和12年9月起)
招收15～20歲，具舊制中學4年1學期結業(資格與海軍學校相同)程度的學生，編入預科練習生，課程平均1年6個月，共招收第1～16期。

③ 丙種飛行預科練習生 (昭和16年5月起)
大正時期就已經存在，從已服役的下士官兵中遴選操縱練習生、偵察練習生。由於學員已具備軍人的基礎知識，因此課程最短，僅6個月。共招收第1～17期。

④ 乙種(特)飛行預科練習生 (昭和18年4月起)
從年滿17歲者，且通過乙種飛行預科的練習生中篩選，接受短期教育(約1年)，使其能快速晉升為飛行練習生。共招收第1～10期。

※ 除了預科練習生外，海軍還設有下士官搭乘員的養成制度——總務乘員養成所的依託練習生(通稱預備練)。

預科練與練習航空隊

預科練習生制度最初設立於橫須賀海軍航空隊，昭和14年移交至霞浦海軍航空隊，之後隨著土浦海軍航空隊的設立(專門負責地面教育)，預科練的主要訓練基地進一步轉移至土浦。戰爭期間，三重海軍航空隊、岩國海軍航空隊、鹿兒島海軍航空隊等單位亦負責預科練的教育。

預科練習生畢業後，依照專攻方向進入不同的訓練基地：
操縱專修者：先在霞浦、筑波、谷田部、百里原(以上為陸上機)與鹿島、大津(以上為水上機)等中間練習機操縱的練習航空隊訓練，然後晉升至大分、宇佐、博多、大村等實用機教程的練習航空隊進行進階訓練。
偵察專修者：在橫須賀、鈴鹿海軍航空隊等基地接受教育。

此外，海軍還設有整備員、電信員、水測員等高度技術與體力要求的兵科，並針對14～18歲的志願少年兵，設立少年兵制度，自入伍起即進行專業教育。(在預科練制度創立前，普通科電信術練習生特別受歡迎。)

海兵團

太平洋戰爭時期，所有日本海軍士兵(不論志願或徵兵)，根據本籍分配至橫須賀、吳、佐世保、舞鶴四大海兵團，編入軍籍。入伍後，先以四等水兵的身份接受約半年的新兵訓練，之後分發至水上艦艇、航空隊等單位服役。

後記

感謝購買本書的各位讀者。

本書的創作基礎源自於1972年4月開始，在模型雜誌《Hobby Japan》上連載了一年的同名專欄。當時，對於一個介紹日本軍裝的專題，社會上瀰漫著一種輕視的氛圍，甚至有人寫信來質疑：「為什麼要刊登這種俗氣又不合時宜的文章？」可見當時日本人對於自身文化與歷史資訊的輕視。然而，隨著連載接近尾聲，開始有越來越多的讀者來信肯定，認為內容充實、表達清晰。最終，人們終於開始接受一個理所當然的事實——無論是德國軍裝還是日本軍裝，作為資訊來看，兩者的價值是相等的。

過去，我一直認為：「來自日本的信息總是缺乏原創性、情感過於豐富，缺乏清晰的表達。如果他們像歐美一樣，以理性、嚴謹的方式來構建日本的原創資訊，那麼他們一定能理解。只要我們踏踏實實地做好該做的事情，總會有人注意到。」如今，這個信念無意間得到了印證，令我深感欣慰。

本書之所以一開始就加入了英文標註，原因在於我想證明，日本人也能以歐美的方式來製作書籍。

在關注此專欄的讀者中，有位曾擔任《Hobby Japan》的編輯、後來成為《Model Graphix》總編輯的市村先生。他一直記得我的文章。1990年春天，在一次偶然的機會中，我透過漫畫家小林源文先生與日本頂尖艦船模型製作者矢座伸行先生建立聯繫。當時正討論在《Model Graphix》雜誌上刊載矢座先生的模型作品。就在那時，市村先生對我說：「能不能把當年的內容做成彩色版，在《Model Graphix》上重新連載呢？」

其實，當年在《Hobby Japan》連載結束後，曾有兩家出版社提出將其出版成單行本的計劃，但因為我希望能夠全面修改原稿，也想要製作彩色版，所以最終婉拒了。但我一直沒有放棄出版單行本的想法，多年來我一直持續收集資料，並構思整體架構。因此，這次的邀請可謂「正是時候」。雖然要同時兼顧其他工作，相當辛苦，但多虧了過去的專欄文章內容紮實，才能順利完成這本自認水準頗高的作品。

在日本，透過寫實繪畫來呈現資訊的出版類型至今仍未受到重視。這與美術教育中缺乏寫實訓練、出版社也缺乏製作視覺型資訊的書籍有著很大的關係；因此，很少有畫家主導製作的視覺類書籍。為了讓日本能在資訊領域有著更好的發展，希望能藉此機會喚起美術教育界和出版界的重視。

看看歐美的人文與自然科學類的視覺書籍，幾乎都由畫家主導製作的。相較於日本的情況，不禁讓人感到遺憾。因此，我想透過這本書傳達一個訊息：「讓擅長寫實繪畫的畫家來製作資訊書籍，才能創造出內容豐富、引人入勝的作品。」

當然，這類書籍的核心仍然是資訊的嚴謹性，以及是否有專家、學者提供考證支持。在這方面，本書能夠得到日本軍裝研究第一人——寺田近雄先生的指導，是本書能夠保持高水準的關鍵。此外，我還得到了許多軍裝研究者和收藏家的幫助。在此，我要向吉野慶一先生、已故的沼田孝義先生、高橋昇先生、ヒサ・クニヒコ先生、水谷英三郎先生、高荷義之先生等人致以誠摯的感謝。

我也要特別感謝我的恩師笹間良彥先生的著作，太田臨一郎先生的研究，以及《PX》雜誌上的柳生悅子先生的文章，這些都提供了極為寶貴的資訊。

還有一項對本書貢獻良多的東西——那就是我的收藏。我曾花費近200萬日圓，收集了大量的舊日本軍軍裝品，雖然大多已不在身邊了。謹以此書獻給那些被埋沒在歷史長河中的日本軍裝，以及那些默默無聞的製作者們，希望本書能成為他們的一座小小的紀念碑。

長年以來，我一直與學者合作，為朝日新聞、小學館、集英社、講談社、學研、河出書房新社等出版社繪製歷史復原圖。而本書的創作，可說是朝著我的最終目標——昭和史復原邁進的一大步。

如果有機會，希望能以同樣精彩的彩色圖鑑形式，出版「明治大正時期的軍裝」，甚至更早的日本甲冑史。有朝一日實現的話，我衷心希望屆時也能與本書的讀者們一起分享，並聆聽各位的寶貴意見。

1991年10月
作者

作者
中西立太 Ritta NAKANISHI

1934年3月18日出生於長野縣上田市。父親中西義男為童畫家，受其影響，自幼便熱愛繪畫。戰後，深受月刊少年雜誌的繪畫故事吸引，立志成為畫家。

1952年，報考東京藝術大學油畫系未果，後從事繪製畫框裝飾畫的工作。1956年以在小學館繪製插圖的工作為起點，陸續為《少年Sunday》《Boys' Life》等雜誌繪製封面和插畫。

1962年憑藉為小學館科學圖解系列《人類的誕生》繪製插畫，榮獲第8屆產經兒童出版文化獎。

1965年開始承接電視特攝節目的插畫工作。1966年起，涉足塑膠模型的藝術包裝設計，並與模型雜誌界建立深厚關係。1972年，在月刊《Hobby Japan》上連載《日本軍裝》專欄，也就是本書的雛形。

1981年，為小學館學習漫畫《日本歷史》繪製圖解頁面，此後便將工作重心轉向學術性的歷史復原圖和考證圖領域。作品涵蓋繩文時代到明治時期的日本歷史、風俗和建築復原圖，其創作風格被譽為「繪畫學者」。

1990年，在月刊《Model Graphix》（大日本繪畫出版）上重新連載《日本軍裝》，於次年出版單行本。獲得電影、電視劇製作團隊的高度評價，被譽為軍裝考證的必備參考書目。

2001年，出版了《日本軍裝 幕末到日俄戰爭》；2008年出版了《日本甲冑史〔上卷〕 彌生時代到室町時代》；2009年出版了《日本甲冑史〔下卷〕 戰國時代到江戶時代》（以上皆由大日本繪畫出版）。至此，完成從彌生時代到昭和時期、橫跨數千年的日本軍裝史鉅著。

然而，就在《日本甲冑史〔下卷〕》完稿後不久，中西先生於2009年1月11日溘然長逝，享年74歲。

編輯的話：
左頁的後記是作者中西立太先生為《日本軍裝》初版所撰寫的。文中提到的「明治大正軍裝」和「日本甲冑史」，後來分別以《日本軍裝 幕末到日俄戰爭》和《日本甲冑史（上·下）》為名，由大日本繪畫出版。令人惋惜的是，中西先生在完成《日本甲冑史（下）》的校對工作後便與世長辭。照片為中西先生生前的身影。

新装版 日本の軍装 1930-1945
All Rights Reserved.
Copyright © DAINIPPON KAIGA Co., Ltd.
Original Japanese edition published by Dainippon Kaiga Co., Ltd.
Complex Chinese translation rights arranged with Dainippon Kaiga Co., Ltd.
through Timo Associates, Inc., Japan and LEE's Literary Agency, Taiwan.
Complex Chinese edition published in 2024 by Maple House Cultural Publishing

日本軍服圖典

1930～1945年二戰期間陸海軍服演變考證集
JAPANESE MILITARY UNIFORMS 1930-1945

出　　　版	楓書坊文化出版社
地　　　址	新北市板橋區信義路163巷3號10樓
郵 政 劃 撥	19907596　楓書坊文化出版社
網　　　址	www.maplebook.com.tw
電　　　話	02-2957-6096
傳　　　真	02-2957-6435
作　　　者	中西立太
翻　　　譯	陳良才
責 任 編 輯	陳鴻銘
港 澳 經 銷	泛華發行代理有限公司
定　　　價	380元
初 版 日 期	2025年4月

國家圖書館出版品預行編目資料

日本軍服圖典：1930～1945年二戰期間陸海軍服演變考證集 / 中西立太作；陳良才譯. -- 初版. -- 新北市：楓書坊文化出版社, 2025.04　面；　公分

ISBN 978-626-7548-68-4（平裝）

1. 軍服 2. 第二次世界大戰 3. 歷史 4. 日本

594.72　　　　　　　　　　　　114002128